中国科学技术馆
CHINA SCIENCE AND TECHNOLOGY MUSEUM

——中国科学技术馆开馆30周年巡礼

中国科学技术馆　著

社会科学文献出版社
SOCIAL SCIENCES ACADEMIC PRESS (CHINA)

1988 —— 2018

《传承与使命——中国科学技术馆开馆30周年巡礼》

编委会

编写组

目录

CONTENTS

1988 2018

001 砥砺奋斗三十载　昂首建功新时代 001

003 第一篇 场馆建设

一　初创岁月 003

二　建馆奋斗 006

三　二期建设 012

四　新馆落成 017

023 第二篇 展览展示

一　无馆先展 023

二　立足常展 030

三　短期展览 053

四　特效电影 069

073 第三篇 教育活动

一　展览辅导 073

二　科普培训 079

三　科学表演 084

四　科技竞赛 089

五　对话交流 091

六　影视科普 094

七　综合科普活动 097

107 | 第四篇 运行管理

一 观众服务 107
二 运行保障 112
三 综合行政管理 121
四 学术研究 128
五 国际交流 131
六 自身建设 140

151 | 第五篇 中国特色现代科技馆体系

一 实体科技场馆 152
二 流动科普设施 156
三 数字科技馆 174
四 引领示范交流 178

185 | 结语

186 | 附录

附录 1 中国科学技术馆大事记（1978 年 11 月 ~ 2018 年 8 月） 186

附录 2 中国科技馆历任馆长、副馆长名单 205
中国科技馆历届党委书记、副书记，纪委书记名单 207

附录 3 中国科技馆获奖情况统计表 209

1988—2018

砥砺奋斗三十载
昂首建功新时代

国家强盛，民族复兴，离不开科技的创新与发展，离不开科学精神和科学知识的传播与普及，更离不开公民科学素质的普遍提升。习近平总书记指出，“科技创新、科学普及是实现创新发展的两翼，要把科学普及放在与科技创新同等重要的位置。”党的十九大指出，要弘扬科学精神，普及科学知识。这些深刻的论断为我们指明了新时代科普事业的发展方向。值此中国科技馆开馆30周年之际，回顾中国科技馆走过的30个寒暑，这是一部数代中国科技馆人的奋斗史，也是中国科普工作者的奋斗史，更是中国科普事业发展的缩影。抚今追昔，总结30年的过往，对于我们昂首阔步迈入新时代，勾画未来科技馆发展美好蓝图，开启新时代科普事业新征程，都有极其重要的意义。

1978年，在邓小平同志亲笔圈定下，中国科技馆的事业开始起步。30年来，中国科技馆历经了1988年一期创建开放，2000年二期新展厅开馆，2009年新馆开馆等重要节点。回首中国科技馆砥砺前行的30年，在党中央和国务院的亲切关怀下，在中国科协的坚强领导下，在各有关单位的大力支持下，在社会各界人士的关心帮助下，在广大公众的热情参与下，中国科技馆已经成为中国科普事业的重要阵地和基础力量。30年来，中国科技馆人不忘初心，牢记使命，经过不懈努力，将中国的科技馆事业提升到了新的高度，不断取得新的成绩。30年来，中国科技馆在建成科普展教中心、优质科普资源研发中心和集成共享中心，创新升级中国特色现代科技馆体系，引领全国科技馆事业创新协调发展，有效整合提升优秀科普资源供给能力，初步构建具有世界一流辐射能力和覆盖能力的公共科普服务体系等方面，迈出了坚实的步伐。30年来，中国科技馆保持了常年对观众开放，服务观众超过5000万人次；流动科技馆服务公众1亿人次；科普大篷车行驶里程3593万公里，服务基层公众2.25亿人次；中国数字科技馆日均PV约305万，为公众构建了一个不落幕、全天候的科学乐园。

2018年，中国科技馆已走过30年的历程，放眼未来，新时代科学的春天已经到来，中国科技馆人将责无旁贷地扛起新时代的重任，为新时代中国科普事业的发展和全民科学素质的全面提升而努力奋斗，为建设世界科技强国贡献力量。

谨以此向中国科技馆全体新老员工致敬！向所有关心中国科技馆的朋友们致敬！向所有热心支持科技馆事业发展的观众致敬！

中国科协党组副书记、副主席、书记处书记 徐延豪
2018年9月10日

第一篇
场馆建设

1988　　2018

中国科技馆的筹建历史最早可追溯到20世纪50年代。1956年初，党中央发出了“向科学进军”的伟大号召。1958年9月，经党中央批准，中华全国自然科学专门学会联合会和中华全国科学技术普及协会合并，正式成立全国科技工作者的统一组织——中国科学技术协会。在此时代背景下，中国科技馆于1958年开始筹建，虽然后来因种种缘由停建，但从那一刻起，中国科技馆人心中就留下未了的心愿。1978年，在邓小平“科学技术是第一生产力”“尊重知识，尊重人才”“建设四个现代化”的思想指导下，神州大地迎来了科学的春天，中国科技馆又重新踏上了创业的征程。

一　初创岁月

1. 筹建“中央科学馆”

1958年，周恩来总理、聂荣臻副总理批准筹建中央科学馆（中国科技馆前身），以展示宣传我国科学技术成就为主要任务。建筑选址在今天北京火车站对面的方巾巷，采用清华大学建筑系梁思成教授主持的设计方案，并被确定为首都十大建筑之一。建筑工程很快完成了地下基础建设和地面一层的一部分。据当时的中央科学馆建设项目组组长蔡君馥回忆，中央科学馆不仅设计有尖端技术大厅，还包括一个较高的圆顶展厅，可供今后航天技术展览、展示之用，中央科学馆整体外形简洁、明快。

后来由于建筑材料紧张，为了确保人民大会堂的建设，周恩来总理对当时主管科技工作的聂荣臻副总理说：“到火箭上了天，给你们修一个更好的科技馆。”于是，中国科技馆暂时停工缓建。此后，受三年严重困难及“文化大革命”等历史原因影响，中国科技馆的建设一拖就是20年。

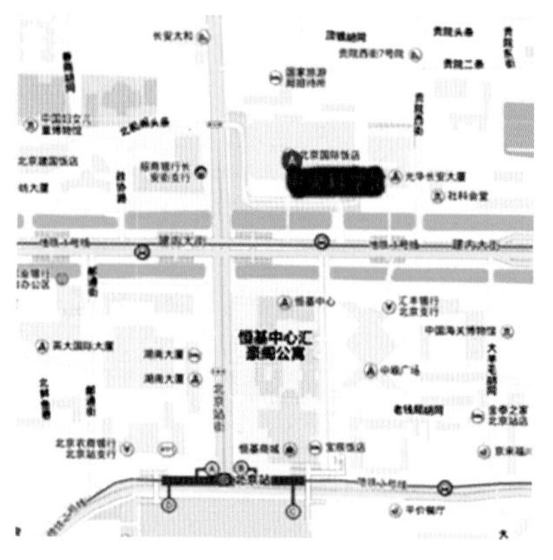

图 1.1　中央科学馆原址

图1.2　时任中央科学馆建筑项目组组长蔡君馥

2. 这是“科学的春天”

1978年3月18日，全国科学大会召开，会上明确了四个现代化的关键是科学技术的现代化。邓小平同志着重阐述了“科学技术是第一生产力”这一马克思主义的观点。乘着科学的春风，茅以升、王大珩等83位著名科学家联名在会上提出恢复建设中国科技馆的建议，得到了党和国家领导人的重视。

1978 年 11 月 16 日，中国科协向国务院提出了在北京恢复中国科技馆建设的请示。11 月 29 日，邓小平同志圈定同意建设中国科技馆。

但由于多种原因，中国科技馆再一次缓建了，茅以升带领着科学家们又先后在两届全国人大会议上提出恢复建设中国科技馆建议，最终促成了中国科技馆的重建。据茅以升之女茅玉麟回忆，茅以升对中国科技馆情有独钟，在中国科技馆建设遇到困难时，八十多岁高龄的他万分着急，不顾患有非常严重的目疾，仍坚持给胡耀邦同志写亲笔信，呼吁加快建设中国科技馆。这充分体现出老一辈科学家对中国科技馆建设的满腔热情。

图 1.3　1979 年中国科技馆筹建委员会成立，茅以升做报告

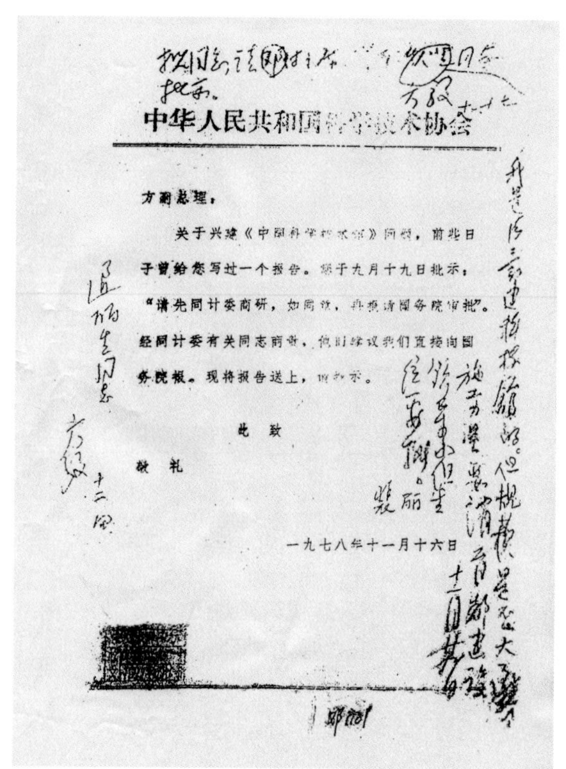

中华人民共和国科学技术协会

方副总理：

关于兴建《中国科学技术馆》问题，前些日子曾给您写过一个报告。您于九月十九日批示："请先同计委商研，如同意，再报请国务院审批"。经同计委有关同志商谈，他们建议我们直接向国务院报。现将报告送上，请批示。

此致

敬礼

一九七八年十一月十六日

图 1.4　1978 年 11 月，中共中央副主席邓小平、国务院副总理方毅批复同意建设中国科技馆

二　建馆奋斗

从 1979 年到 1988 年，历经十年的艰苦创业，中国大地建起了第一座“科学中心”——中国科学技术馆。开拓者们在最初的岁月里，按照“边建馆、边活动”的方针，不断积累经验，经历了艰辛、拼搏却充满自信的建馆历程，留下了一幕幕让人难以忘怀的画面。

1. 筹建委员会成立

在中国科协的组织下，1979 年 2 月 23 日，以茅以升为主任，裴丽生、王顺桐为副主任（后增补聂春荣为副主任），钱学森、沈鸿等 19 人为委员的中国科技馆筹建委员会正式成立。当时茅以升已是 83 岁高龄，但几乎所有筹委会的会议都参加，各种事项均亲力亲为。之后，中国科协组成了以茅以升为团长，包括十几位相关人士的考察团赴美国、瑞士、日本考察科技博物馆。其时，国外的科技博物馆有两种类型：一类是传统的科技博物馆，主要是收藏、陈列科技发展各个时期有代表性的物品；另一类是 20 世纪中期才发展起来的现代科学中心，展示专门设计的、体现科学技术原理和应用的展品，观众可以在参与、体验、探索过程中，受到科学的启迪。考察团赴国外考察后，经深入讨论和反复论证，将中国科技馆的建设方向，由 50 年代确立的展示我国科技成就的科技展览馆，调整为科学中心模式的现代科技馆，为我国科技馆今后的发展确定了正确方向。

2. 建馆初期的“游击战”

中国科技馆从无到有，在最初筹建阶段渡过了艰苦转战的岁月。从 1980 年到 1984 年先后六次搬迁办公地点，先在北京展览馆后院平房落脚，又迁往北海公园天王殿栖身，三迁至北京市工人俱乐部后楼暂住，四迁西单太仆寺街“打游击”，五迁北三环农林局过渡，最终定居在人称“北京北大荒”的

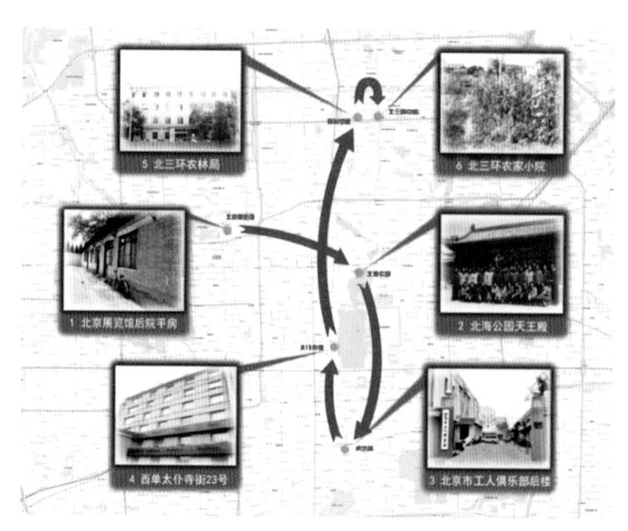

图 1.5　中国科技馆办公地点迁徙示意

北三环的一农家小院办公（见图 1.5）。

表 1.1　中国科技馆办公地点迁徙

地图上依序各点标注	照片上标注
北京展览馆	1. 北京展览馆后院平房
北海公园	2. 北海公园天王殿
虎坊路	3. 北京市工人俱乐部后楼
太仆寺街	4. 西单太仆寺街 23 号
裕民中路	5. 北三环农林局
北三环中路	6. 北三环农家小院

中国科技馆的创业者们，在破旧的土房里、煤炉旁又度过了五个春秋寒暑，由于条件简陋，很多仪器设备只能放在土窑里。据创业者们回忆，当时的打字机还是铅字打字机，使用十分费力与不便。虽然艰苦，同志们却满怀激情，为中国科技馆的前期建设做了大量调研、论证、设计、施工等工作，用吃苦耐劳和无私奉献的精神，打下了中国科技馆立业的第一桩！

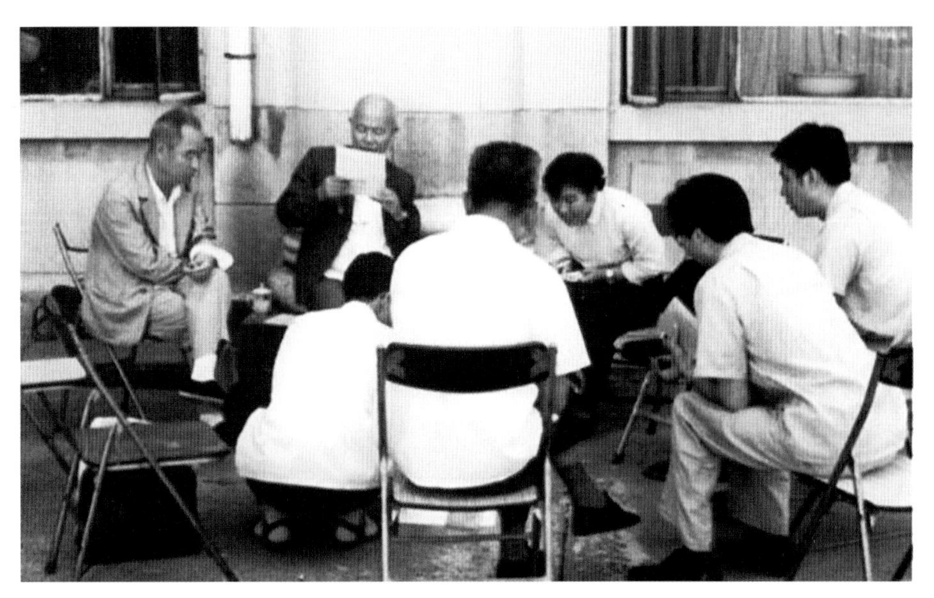

图 1.6　1984 年馆领导在露天办公

图 1.7　1984 年北京北三环一农家小院的科技馆办公室

图 1.8　中国科技馆馆址原为北京朝阳区太阳宫公社五路居大队一小队菜地

3. 中国科技馆一期建成

1984 年 11 月 21 日，中国科技馆一期奠基，邓小平同志为奠基题词。创业者们满怀热情地投入一期建设中，在广泛收集整理国外科技馆技术资料的基础上，开始了展品研发，力求突出科学性、知识性、趣味性。工地上到处都是挥汗忙碌的身影，农家小院里常现灯下绘图的情景，办公室里油印机和刻字的声音不绝于耳……

一期工程建设从 1984 年开始，到 1988 年基本完成，所有的中国科技馆人都积极投入建设当中。1988 年 9 月 22 日，中国科技馆终于开馆，中国从此有了第一座真正意义的“科学中心”式的科技馆！

中国科技馆一期建筑面积 2 万平方米，展品 150 余件，展示以物理学为主的基础科学，大多数展品优选于世界各地科技馆的经典展品，其中也不乏自主设计的创新展品。

首次把互动体验式的“科学中心”引进中国，开创了中国的科技馆建设新纪元。

图 1.9 1984 年邓小平为中国科技馆奠基题词

图 1.10 1984 年 11 月 21 日，一期奠基开工

图 1.11 1988 年 9 月 22 日，中国科技馆一期开馆

三 二期建设

1. 二期工程立项

进入20世纪90年代，世界科技教育有了很大发展，1995年末，中国科协书记处正式决定，启动建设中国科技馆二期工程。

为了贯彻书记处的决定，中国科技馆提出了“经过五年努力，建成中国科技馆二期”的宏伟目标，以“目标建设，深化改革，坚持两手抓”为工作方针，以铸建“团结、协作、求实、创新”优良馆风为保证，凝聚全馆力量，形成大会战的格局，夺取建成二期的新胜利。

1995年11月，中国科技馆开展了“重新改造一期展厅”“整顿馆容馆貌”两大战役。

1996年3月，举行了隆重的中国科技馆重新开放揭幕仪式，第八届全国人大常委会副委员长雷洁琼、第八届全国政协副主席朱光亚等领导出席，并于1996年5月，举办了迎接中国科协“五大”代表参观中国科技馆的活动。

尽快建成中国科技馆二期的呼吁，立即得到了全社会广泛的支持。1996年11月，68名第八届全国人大代表联名提出第0879号提案，要求将中国科技馆列为“九五”期间国家重点工程。紧接着，109名第八届全国政协委员再次联名提出第1325号提案，要求在“九五”期间建成中国科技馆。

由中国科协书记处前书记高镇宁发起成立的中国科技馆发展基金委员会，提出首要的任务是集中力量建设好中国科技馆二期，发挥好样板示范作用，以推动全国科技馆的发展。侯祥麟任会长，许嘉璐、白介夫、胡启恒任副会长，并从多方面支持二期建设；第九届全国政协副主席钱正英也联名致函江泽民总书记和李鹏总理，建议尽快建设中国科技馆二期。

1998 年 2 月 10 日，国家计委正式批复，中国科技馆二期工程列入建设计划。

图 1.12　中国科技馆二期工程破土动工仪式

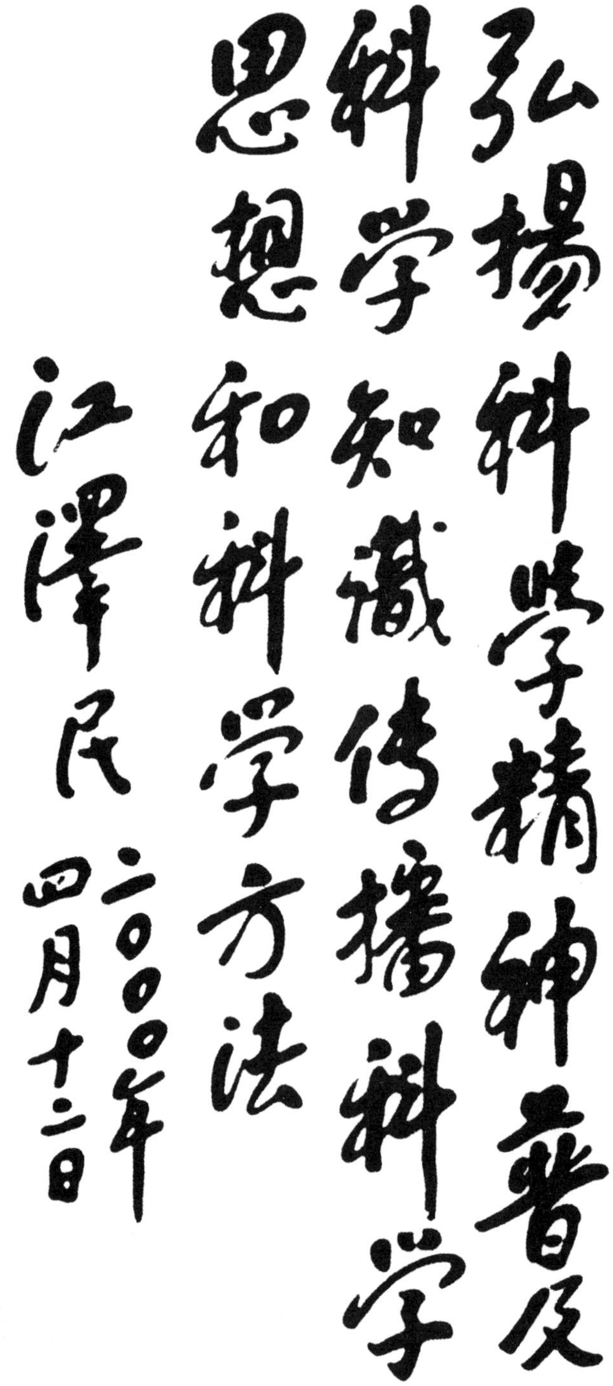

弘揚科学精神普及
科学知識傳播科学
思想和科学方法
江澤民
二〇〇〇年
四月十二日

图 1.13　2000 年 4 月 12 日，江泽民为中国科技馆题词

2. 中国科技馆二期建成

面对资金不足、时间紧迫、首次设计大型综合场馆等严峻挑战，中国科技馆人勇于探索，开创了一条自主创新与争取社会支持相结合的建馆之路。当时，中国科技馆人不论晴雨、冬夏，每天都夜以继日地奋战着。

2000 年 4 月 29 日，二期新展厅建成开放。开馆前夕，时任中共中央委员会总书记、国家主席江泽民同志为中国科技馆亲笔题词“弘扬科学精神、普及科学知识、传播科学思想和科学方法”。

图 1.14　二期开馆当天人流如潮、盛况空前，呈现出从未有过的火爆场面

二期展厅建筑面积2.3万平方米，共设置生命科学、环境科学、信息技术、航空航天等18个展区，展品400余项，不但基础科学类的展品更加丰富，还增加了大量应用技术和高新技术的内容，并且在展览设计中首次引入形式设计，为观众营造了舒适优美的参观环境。

图1.15 中国科技馆二期建筑外貌

二期建设的理念和特点在于：改变了奥本海默创建的科学中心按学科分类方式，而以科学技术与社会（STS）教育为理念，采用新技术革命以来的综合技术领域分类划分展区；注重时代主题、社会热点、前沿科技、贴近生活等重大领域选题；强调主题化设计，自主创新设计标志性展项、设置大型表演台；运用内容和形式一体化设计等增强感染力，深化科学思想与方法教育等。二期建设所体现的时代特征和创新精神，得到了社会的赞誉和认可。

二期新展厅的建成开放，推动全国科技馆建设在理念上再上新台阶，掀起了全国科技馆建设的又一轮新高潮。

2004 年 5 月 31 日，“六一”国际儿童节前夕，胡锦涛同志前来中国科技馆视察工作，并与来自全国各地的各族少年儿童一起欢度节日。

四　新馆落成

1. 迎接挑战，新馆立项

随着《科普法》的颁布和《全民科学素质行动计划纲要（2006—2010—2020 年）》的实施，公众对科普的需求日益高涨。中国科技馆二期展厅建成开放后，观众数量显著增加，展厅经常超负荷运行，在中国科协领导的积极推动下，续建三期的工作提上日程。

经过数年的努力，在中央领导的直接关怀下，在北京市领导的大力支持下，由原址上续建中国科技馆三期改为在国家奥林匹克公园内建设新馆。据中国科协党组原副书记、书记处原书记徐善衍回忆，当时北京市领导对中国科技馆三期工程明确提出了意见，建议在奥林匹克公园内选址建设。2005年4月，国家发改委批准中国科技馆新馆立项。

2. 全员会战，新馆建成

2006年5月，中国科技馆新馆奠基。新馆建设采用了全面开放的建馆思路，成立国际顾问委员会、国内专家委员会和国内同行专家委员会，广泛听取社会各界的意见。建设期间恰逢2008年北京奥运工程建设，给奥运工程让路增加了新馆建设的困难。不仅如此，在北京奥运期间，中国科技馆新馆还要开放一部分面积，以此体现科技奥运与人文奥运的结合。面对重重挑战，中国科技馆人肩负着建设者的责任，边设计、边施工，边施工、边完善、再边设计，有效地组织代建人、总包单位和各分包单位，采取会战的方式来推进整个工程的建设。全体中国科技馆人在繁忙与艰辛中奋斗了1000多个日日夜夜。这看似平凡的日日夜夜，无不闪烁着中国科技馆人无私、奉献、敬业的光芒。

2009年6月30日，在送走了最后一位观众后，开放了近十年的中国科技馆二期正式闭馆，光荣地完成了它的历史使命，中国科技馆事业即将迎来新的纪元。

2009年9月16日，中国科技馆新馆建成开放。新馆以“体验科学、启迪创新、服务大众、促进和谐”为建馆理念，坚持“世界眼光、中国特色”内容建设基本原则，突出教育、服务和支撑三大功能，注重展览与教育活动一体化设计及信息化建设。新馆采用了新的展示设计思路，打破了以往按学科分类、展品罗列的传统设计思路，而是采用了“主题展开”式的设计思路，在展示内容、展品之间构建起有内在逻辑关系的“故事线”“知识链”，更有助于观众理解科技与生活、科技与社会的关系。新馆也是国内科技馆界第一次在展示设计的同时进行了相关教育活动的设计，强化科技馆的科普教育效果。中国科技馆还第一次全方位大量地应用ICT技术，特别是RFID技术门票在国际上首次大规模使用。第一次利用展厅以外的公共空间进行有计划、大规模的整体展示设计，并研发了一批科学与艺术结合、具有视觉震撼力的创新展品。

中国科技馆新馆建筑面积10.2万平方米，分为儿童科学乐园、主展厅、

图 1.16　中国科技馆新馆建设回顾（全幅）

短期展厅三大展区，各类展品 800 余项。同时配套科学实验室、培训教室、报告厅等，作为举办面向公众的科普实验、讲座、报告会、青少年科技竞赛等活动场地，提供更全面多样的科普服务。还设有球幕影院、巨幕影院、4D 影院、动感影院四个世界一流的特效影院和五套国际顶级放映演示设备，让观众有身临其境的参与感。

新馆的建成开放，为公众提供了更加丰富多彩的科普体验，标志着中国科技馆的事业发展踏上了新的征程！

2009 年 9 月 19 日，习近平同志来到中国科技馆新馆，参加全国科普日北京主场活动。2010 年 5 月 31 日，胡锦涛同志来到中国科技馆新馆，同出席中国少年先锋队第六次全国代表大会的全体小代表和部分中外少年儿童一起参加“体验科学、快乐成长”活动。

图 1.17　2009 年 9 月 16 日，中国科技馆新馆举行开馆典礼

图 1.18　中国科技馆新馆建筑外貌

1988 —— 2018

第二篇

展览展示

1988 —— 2018

中国科学技术馆采用现代科学中心的教育理念，通过科学性、知识性、趣味性相结合的展览内容和参与互动的形式，反映科学原理及技术应用，鼓励公众动手探索实践，在普及科学知识的同时，注重弘扬科学精神，传播科学思想，倡导科学方法，培养创造思维和创新能力。30年星移斗转，岁月辗转成歌，而展览教育始终是科技馆的主要教育形式，甚至在最初的科技馆筹建阶段，在馆址还没有确定的情况下，中国科技馆也从未停止过开展业务活动的步伐。

一　无馆先展

在中国科技馆筹建期间，为了锻炼队伍、积累经验、扩大影响，按照“边建馆、边活动”及“年年有声音”的工作思路，中国科技馆创业者们不断学习和研究现代科学中心的教育理念，并将其应用到展品的制作和布展之中。

1. 筹办“中国古代传统技术展览”

筹组“中国古代传统技术展览”（以下简称“古展”）出国（境）展出，让世界了解中国，是中国科技馆最早的一项重大业务活动。

“古展”由中国科协牵头，轻工业部、纺织工业部、中国历史博物馆、中科院自然科学史研究所、中国自然科学博物馆协会、北京图书馆等单位共同参与，中国科技馆具体负责筹展工作。经过反复研究，最终制定的展览纲要，以中国古代指南针、造纸术、火药和印刷术四大发明为主体，配以陶瓷、纺织刺绣、青铜冶铸、建筑、机械、天文、中医中药以及传统手工艺等内容，随后，“古展”从全国征集展品和文物。

“古展”先后于1982年赴加拿大安大略科学中心，1983年在美国芝加哥科学与工业博物馆，1984年在美国西雅图太平洋科学中心、亚特兰大罕依博物馆，1985年在美国波士顿科学博物馆，1986年在美国达拉斯市科技馆，1987年在香港文物展览馆展出。展览所到之处观众如潮，成为海外观众了解中国这一古老国家的窗口。此后展览历经30余年，足迹遍布10余个国家和地区的22个城市，共接待观众671.8万人次。

图2.1　1982年，“古展”在加拿大安大略科学中心展出，历时半年

图 2.2 2003 年在美国克里夫兰大湖科学中心展出

2. 引进“安大略科学中心展览”

1983 年秋天，根据交换展览协议，“加拿大安大略科学中心展览”来华在北京展览馆展出。布置在 1200 平方米展厅内的 47 件展项，基本涵括了安大略科学中心的精品。展览突出可参与性和趣味性，配以有趣的表演活动，旨在体现其蕴涵的科学原理或规律，自然而不是勉强地启发人们的思考。中国观众首次见到这种科技教育形式，充满新鲜感的互动展项和魅力无穷的表演台，给观众留下了深刻的印象。

此次展览不仅轰动了整个北京城，也深深地教育了科技和科普工作者。对于大多数没有迈出过国门的科技馆人而言，这是第一次接触到真正的现代科学中心，也是第一个启蒙和实践课堂。启发式、诱导式的教育不只是简单的知识传授，而是心理、思维的更深刻、更生动和更本质的教育，这无疑对我国传统灌输式的教育是一个极大的冲击，打开了启迪科技馆人深入思考的心扉。大家开始思考中国科技馆的建设方向和建设内容，展品制作的理念，展览的形式设计等等。展览结束后，展品全部留在了中国，成为中国科技馆创业之初的创意源泉。

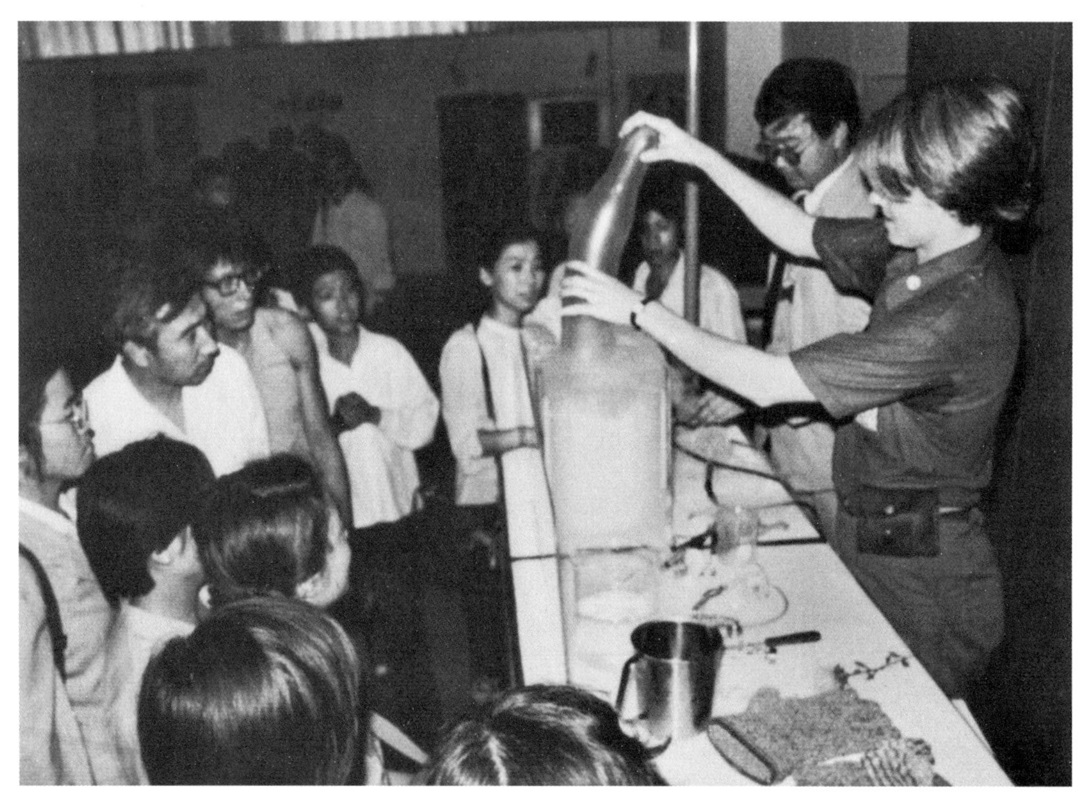

图 2.3　1983 年，“加拿大安大略科学中心展览”工作人员在进行科学表演

为了向全国传播这种新型社会科普教育，中国科技馆以“加拿大安大略科学中心展览”为基础，经过加工和调整，在国内开展巡回展览。1983 年 11 月起，巡展先后抵达内蒙古呼和浩特、青海西宁、广西南宁、湖南长沙、新疆乌鲁木齐、上海等地。至此，“科学中心”这一社会教育的灿烂之花，在我国改革开放大地上绽放出清新的气息。

图 2.4　1987 年，“科技馆之窗展览”在上海展出，历时 1 个月

3. 建设“中国儿童少年活动中心科技厅”

北京西城区车公庄附近有一处名叫“官园”的大庄园，是前清的端王府。1981年，由全国妇联牵头，共青团中央和中国科协参与，在此地筹建中国儿童少年活动中心，中国科协负责其中的科技厅建设，由中国科技馆具体实施。在8个月内，中国科技馆完成了项目设计、展品设计、制作、采购、安装调试和布展等工作。科技厅展出面积1000多平方米，分5个展区，100多项展品，自1982年8月正式开放到年底，参观人数就达26万人次。这是一次中国科技馆建馆前实战演练、积累经验的机会，对如何设计和组织科学性、知识性、趣味性相结合的展品和展览，提高办馆水平，进行了有益的探究和实践。

图 2.5　1982 年，中国科技馆建设的中国儿童少年活动中心科技厅

4. 举办“新技术革命——信息技术展览”

1984 年“新技术革命——信息技术展览”在中国科协原科学会堂（友谊宾馆内）开幕，这次展览的参观对象主要为领导干部和高级管理人员、科技干部，首次以展览的形式传播新技术革命观念。展品的起点较高，是国内第一次主题明确，技术性、知识性、系统性较强的信息技术展览。展览包括信息化和现代信息系统及技术基础两大部分，展品 80 余项、346 件，来自全国各地的百余所高等院校、科研院所和工厂企业参展。

图 2.6　1984 年 10 月，“新技术革命——信息技术展览”现场

“新技术革命——信息技术展览”的选题紧跟时代步伐，在宏观大思路上与党中央保持一致，及时捕捉社会热点，在领导层和技术干部层产生了强烈的反响。在展出方式上，迈出了社会化的第一步。展览得到了社会各界，特别是党中央、国务院有关部委的高度重视和积极响应，集中了各部委和高等院校、科研机构的优势，调动多方面力量，唱响了“大合唱”，时任电子工业部副部长的江泽民同志亲自到现场检查布展工作。时任国务院副总理的李鹏同志参观“新技术革命——信息技术展览”。

二　立足常展

常设展览是中国科技馆最主要的科普阵地，也是最能代表科技馆特色的教育形式。常设展览力求为观众营造再现科技实践的学习情境，强调以互动、体验的形式引导观众进入科学探索与发现的过程之中，在传播展示科技知识、为社会发展提供服务等方面有着不可替代的重要作用。

1. 一期落成，夯实基础

1986年5月，中国科协召开中国科技馆筹委会扩大会议，以茅以升为主任，由王大衍、汪德昭、马大猷、沈元等组成的专家委员会审议并原则通过了《中国科技馆一期展厅内容初步设计》，此后在湖南长沙对初步设计的展项进行

图 2.7　1986 年 5 月，一期展厅《初步设计大纲》评审会

了社会征集。1987 年 4 月在湖南长沙召开面向全国的一期展厅展品征集活动。1987 年 7 月，中国科协邀请有关专家召开中国科技馆一期展厅内容设计座谈会，通过了修改后的《中国科技馆一期展厅内容初步设计》。

1988 年 3 月，中国科技馆进入开馆战役的决战阶段，加快了建设步伐。开馆前夕，为了检验效果，邀请国际科学联合理事会的 150 名专家、学者参观即将对公众开放的中国科技馆，得到国外专家的一致肯定。

一期常设展厅以声、光、电等物理学基础科学展品为主，共 125 项，151 件展品，大多数展品在注重自身、开拓创新的基础上，从世界科技馆经典展项中优选产生，中国科技馆首次自主设计了 20 余件创新展品，同时举办中国古代传统技术展。锥体上滚、双曲线槽、直线电机列车等精彩展品，以及高压放电、液氮、静电发生器等趣味十足的实验表演，给现场观众带来了无比新奇的体验。

图 2.8　1986 年 5 月，参加一期展厅内容初步设计评审会的科学家

图 2.9　1988 年 9 月，国际科学联合理事会的专家、学者参观即将对公众开放的中国科技馆

图 2.10　1984 年 11 月一期展厅施工现场

图 2.11　1988 年 9 月，由世界 74 个国家、20 个组织组成的“国际科学联合理事会”的 150 名科学家应邀参观即将建成开放的中国科技馆一期工程，多国馆长参观一期展厅展品

一期展厅开放后，中国科技馆立足常设展览，广泛开展活动，为传播科学中心理念、提高公众科学文化素质做出了积极的贡献。国内公众对科技馆这一新型的科普教育场所经过了从未知到认识，再到欢迎的认知过程。在中国科技馆，从青少年到成人，从一般公众到专业技术人员，都可以根据自己的爱好和需要，毫无拘束地主动学习。青少年不仅可以汲取知识营养，同时还可以培养科学精神、学习科学方法；成年人来此可以接受继续教育，进行知识的自我补充和更新。

1991 年 10 月 25 日，温家宝同志亲切视察了中国科技馆。两天后他在一次会议上热情洋溢地说："北京有个科普教育的好场所。"这是中央的关怀，也反映出中国科技馆开拓的新型社会科普教育阵地，以它自身凸显的教育思想、理念和形式，得到了社会的认同。

2. 二期建成，再展新颜

1996 年，中国科技馆二期工程正式立项后，1997 年 6 月，中国科技馆组建二期展览设计核心团队，着手编写《中国科学技术馆二期工程展厅常设展览初步设计》文件。展览内容设计以"跟踪世界科技馆发展趋势，吸取国内外优秀设计理念，广泛依靠社会力量，坚持以我为主"为设计原则。经过三次重大调整和修改，最终完成了初步设计方案的编写工作。在二期展厅的各类展品中，互动展品与演示项目达 70% 以上，观众可在主动参与中学习知识，体验科学思想和科学方法，培养科学精神，了解科学技术对推动社会进步所起到的巨大作用。

1999 年 2 月 28 日，《中国科学技术馆二期工程展厅常设展览初步设计》通过 31 位专家（其中有 12 位院士）评审；3 月 17 日，中国科协五届六十次书记处会议原则通过。3 月 27 日，召开二期展品设计、制作单位优选信息发布会，按专业分 6 个大组公布了 250 件展品目录，最后由 80 家单位承担二期展品设计、制作任务。在全馆干部职工的共同努力下，自 1999 年 12 月起，展品陆续进场安装调试。

2000 年 4 月 29 日，中国科技馆二期主展厅（A 馆）正式建成开放，建筑面积 2.3 万平方米，分为现代科学技术展览和中国古代科学技术展览两大部分。

（1）现代科技展览

二期展厅一至三层为现代科技展览，共设置 18 个展区，包括：生命科学、环境科学、信息技术、航空航天、能源、交通、新材料等。新的展区分类法，体现了 STS（科学技术与社会）教育的时代性理念。

一批创新展品，给观众带来耳目一新的体验。其中的“脑科学”“心理学”“人体生物技术”成为生命科学中有探索性的亮点。研发的大型展项：数字家庭、电子商务物流、机器人乐队、机器人舞台、三叶结等也成为观众最喜爱的标志性展项和支柱展品，尤其是“机器人乐队”等 14 件展品获得由

图 2.12 二期展厅展品集锦

中国科技馆发展基金委员会颁发的全国科技馆展品创新奖。同时，展览强调宣传中国科学家和科技成就，如“中国科学家参与人类基因组计划测序1%”“赵忠贤超导研究模拟展示”“长江三峡建设工程模型”等，用以启迪和激励观众，特别是激励青少年热爱祖国、热爱科学、勇攀科学高峰。

（2）中国古代科技展

改造和充实后的“中国古代科技展览”位于展厅四层，除以文物、模型、图片陈列外，还增加了传统技艺表演，向观众展示了中国以天、算、农、医为代表的古代科学和以“四大发明”为标志的古代技术对丰富全人类文明宝库所做出的巨大贡献，以启迪智慧，泽被后世。

图 2.13 中国古代科技展览

（3）儿童科学乐园

为了加强对儿童的科普教育，中国科技馆在二期展厅建成之后，再接再厉，专门把一期展厅改造成针对 3~12 岁儿童“量身定做”的“儿童科学乐园”展区。其内容是根据此年龄段儿童的智力、体力和心理特点设置的，并经过教育学、心理学专家和学者反复论证，特别强调趣味性、娱乐性和参与性。儿童在这里身临其境，动手动脑，在无拘无束的游戏中，在好奇的探索中，培养对科学的兴趣，学习一些最基本的科技知识，激发想象力，开发脑潜能，使身心得到锻炼。2001 年“六一”儿童节，儿童科学乐园对外开放，受到了家长和儿童的热烈欢迎，并荣获全国十大精品陈列奖。此后，国内科技馆纷纷效仿，大都建立了专门针对学龄前和小学阶段儿童的科普展区，自此，一轮针对儿童的科普热潮在国内科技馆广泛展开。

图 2.14　二期儿童科学乐园展区

3. 新馆开展，华彩亮相

2005 年 4 月，中国科技馆新馆建设立项后，在新馆内容建设初期，中国科技馆首先开展了历时 4 个月的文献和理念研究工作，为内容建设打下了良好的基础。

中国科技馆内容建设团队分 11 个工作组进行文献研究，先后走访有关部委、研究院所、大专院校、专业学会等机构近 100 家，拜访专家 230 余人，召开研讨会、交流会和报告会 30 余次，共形成了 104 万字的文献研究报告；对外委托专题研究 12 项，形成报告共计 31 万字，成为此后展示内容设计的重要基础。中国科技馆还设立了 6 个子课题，联合中国社会科学院、中科院研究生院、中科院心理学研究所、中央教育科学研究所、科技部科技信息研究所，分别从创新文化建设、传播学、认知心理学、教育学、国际科普发展等角度进行理念研究，共组织理念研讨沙龙 12 次，420 余人次参会，并与社会上的调查公司联合进行中国科技馆观众和北京市民调查，完成子课题研究报告 6 份，共计 20 万字，为新馆建设奠定了重要的理论基础。

在理念研究的基础上，确定了将“体验科学、启迪创新、服务大众、促进和谐”作为新馆内容建设的理念。在国内科技馆界首次成立了由科技界、教育界、文化界著名专家学者组成的专家委员会，由国际科技馆专家组成的国际顾问委员会，由各地科技馆专家组成的国内同行专家委员会，参与内容建设的全过程。

图 2.15　2006 年 10 月，中国科技馆举办新馆内容建设国际顾问委员会会议

图 2.16　2007 年 11 月，中国科技馆举办新馆内容建设院士座谈会

中国科技馆在内容建设各个阶段，将包括理念研究报告、常设展览内容方案大纲等在内的研究设计成果及时向社会公布。这一做法，不仅有利于广泛听取社会各界的意见，对研究设计文件及时修改完善，而且实现了资源的全社会共享，筹建中的全国各地科技馆在其设计方案中几乎都借鉴或直接引用了中国科技馆的研究设计成果。

中国科技馆组织了三次大规模的新馆常设展览设计方案的意见、建议、方案征集活动。特别是在 2007 年 8 月，中国科技馆组织了新馆常设展览设计创意竞赛活动，共有国内外 60 多个机构及个人提交创意设计方案 110 个。经过国内外同行专家的评审，从中评选出获奖方案 14 个，其中一批优秀创意被新馆常设展览设计方案所采纳。

看似寻常最奇崛，成如容易却艰辛。展览设计核心团队的同志们在繁忙与艰辛中奋战了 1000 多个日日夜夜，经历了文献研究、展览展品创意策划、初步设计、深化设计及制作、现场布展及安装调试等阶段，仅用两年半的时间即完成了全部建设任务，堪称奇迹，而同样的任务量国外场馆通常需要 5~8 年才能完成。这是同志们不惧艰难、不辞辛劳、无私奉献的结晶。大家白天查资料、写方案、搞调研、跑厂家、盯现场，晚上加班研讨展品展项，加班到午夜也已成家常便饭。

2009年9月16日，中国科技馆新馆建成开放。展品的创新度高、互动体验性强、富有视觉冲击力、生动有趣，不仅形象直观地展示了相关科学知识，而且进一步地向公众传递了其中所蕴含的科学思想和方法，每年吸引全国各地300多万观众前来参观。

新馆常设展览面积约4万平方米，以“创新·和谐”为主题思想，下设“科学乐园”“华夏之光”“探索与发现”“科技与生活”“挑战与未来”五大主题展厅和公共空间展示区。

（1）“科学乐园”主题展厅

设有“戏水湾”“欢乐农庄”“山林探秘”“科学城堡”等9个展区，展示适合儿童身心特点的科技内容，注重儿童和家长的亲子互动，让儿童在展览和游戏中体验探究的乐趣。

（2）“华夏之光”主题展厅

设有“中国古代农业技术”“中国古代冶金技术”“中国古代纺织技术”“中国古代天文学”等13个展区，展示中国古代科技成就及其对于中华民族繁衍生息、中国社会发展和世界文明进步的重要作用，呈现中国科技发展与世界科技文明的融合与相互激荡，让观众在世界科技发展的宏观视角下感怀中华民族的智慧和创造。

（3）“探索与发现”主题展厅

设有“宇宙之奇”“运动之律”“生命之秘”“光影之绚”等8个展区，展示科技的美妙和神奇、人类在与自然交互的过程中体现出来的科学思想和方法，使观众体会科学探索与发现所带来的乐趣。

图 2.17　新馆“科学乐园”展厅

图 2.18　“华夏之光”展厅

（4）“科技与生活”主题展厅

设有“衣食之本”“居家之道”“信息之桥”“交通之便”等6个展区，展示科技发展对人类生活和经济社会日益广泛而深刻的影响，传播科技以人为本的理念，使观众感受科技创新为人类带来的福祉和恩惠。

（5）“挑战与未来”主题展厅

设有“地球述说”“海洋开发”“太空探索”“走向未来”等7个展区，展示人类面临的重大问题与挑战、科技创新对可持续发展的贡献、人类对未来生活的畅想，使观众认识到创新是人类应对未来挑战的重大选择，引导观众对未来科技发展问题进行关注和思考。

（6）公共空间展示区

大规模、有计划地利用观众集散大厅和通道等公共空间场地进行科普展示，是中国科技馆的一项创举，在国内外都没有先例。分布于新馆各楼层的

图2.19　“探索与发现”展厅

图 2.20　“科技与生活”展厅

图 2.21　“挑战与未来”展厅

公共空间以“创新之美、和谐之美”为主题，设立了“动感科技”“科学之美”“生命之歌”“科技与文明”“奇影异彩”五个分主题，展示科技之美和中外科技文明，营造科技文化氛围，使观众在美的环境中感受科技的魅力、增加科技的亲和力。

图 2.22 公共空间展示区

4. 更新改造，常展常新

新馆开馆以后，随着科技发展和公众需求的不断提升，中国科技馆开展了广泛细致的调研工作，深入展厅逐件对展品认真分析，汇总整理形成问题分析报告，统筹规划制定实施方案，明确“坚持问题导向，放眼科技前沿，强化精品意识，提升教育效果”的工作目标，确定针对性工作原则和切实可行的工作计划，并以此为基础积极开展常展更新改造，已经完成了“气象之旅”展区、新“太空探索”“信息之桥”“华夏之光”等展厅的建设。

（1）开启“气象之旅”

2012 年与国家气象局合作开发该主题展区，完成面积约 340 平方米、室外露台面积约 120 平方米，包含 15 项互动展品的展览设计研发工作。

（2）重现“太空探索”

2016 年，以我国航天事业创建 60 周年为契机，与中国航天科技集团公司密切合作，设计开发全新“太空探索”展厅，包括飞天之梦、登天之梯、人造卫星、载人飞天、奔向月球、迈向深空 6 个主题展区和 1 个“太空秀场”教育活动区，展品 40 件（创新展品 30 件，创新率达 75%）。展厅立足“全球背景、中国特色”，为公众打造一个了解世界航天发展动态、探知我国航

图 2.23　“气象之旅”展区

天发展成果、开启自我航天梦想实践的探索天地，使公众了解航天、走近航天、融入航天、支持航天。展览开展后受到广大观众的欢迎与喜爱，得到了各级领导、航天、科普、天文等相关领域专家的高度评价。多项原创展品和科普活动进驻中国科协等在香港主办的“创科驱动航天放飞中国梦”主题科普展览，历时短短4天半，服务观众21.9万人次，受到香港民众热烈欢迎。

（3）搭建“信息之桥”

“信息之桥”展厅改造后于2017年1月1日对观众开放，以“认识世界、沟通彼此、改变未来——无所不在的信息科学”为主题，以39件展品，涵盖信息科学基础原理与应用、最新技术应用、信息与艺术的融合等内容，使观众通过阅读、欣赏以及与展品的互动，了解信息科学；通过体验最新、最炫的信息技术应用，感受信息科学的无处不在。在这里，公众可以穿戴VR体验设备，坐在定制的水滴舱中，感受神奇的微观世界；可以矗立在航母甲板上亲身指挥舰载机调运，看铁翼翱翔在蓝天；也可以把孩子们的信手涂鸦上传到云端，转换成生动可爱的形象投映在银幕上。展厅里还能看到各种极具历史色彩的软盘、芯片、球面显示器等反映信息科技发展历程的怀旧展品。

▲▼ 图 2.24　2016 年 12 月 1 日，全新“太空探索”常设展厅面向公众开放

▲▼ 图2.25 2017年1月1日，全新“信息之桥”常设展厅面向公众开放

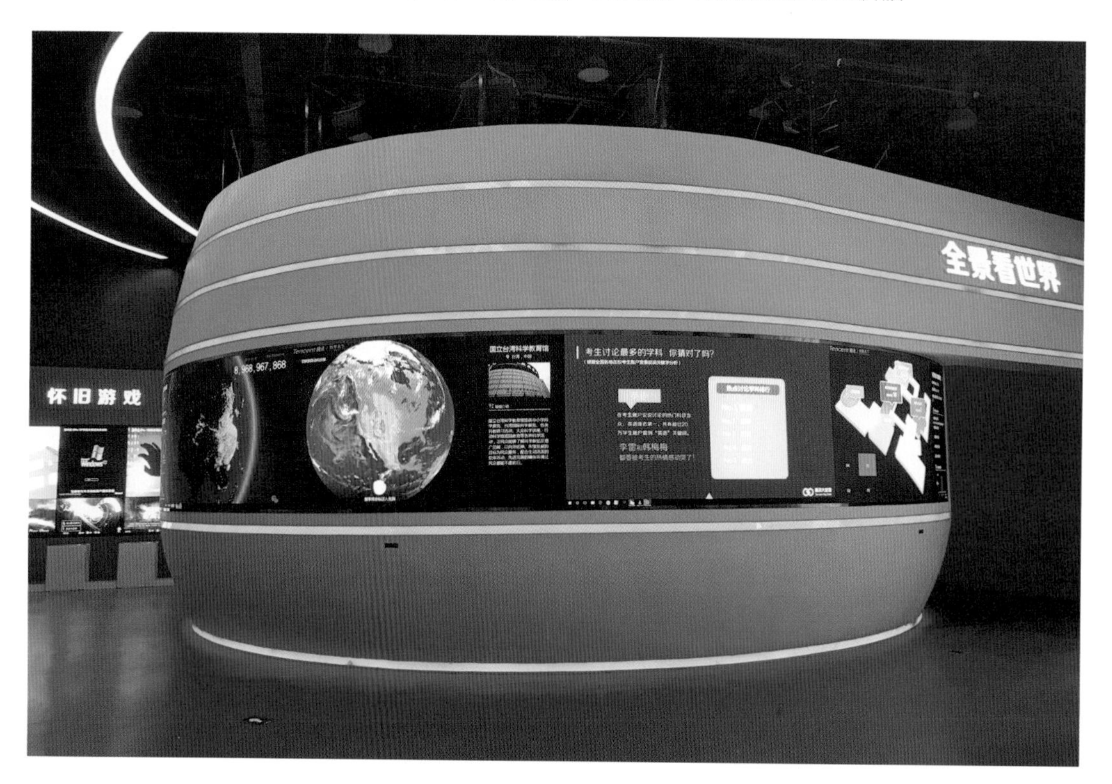

（4）再燃“华夏之光”

为了大力弘扬传统文化，充分展示中国古代科技文明，提升中国科技馆科普魅力，2017年，完成“华夏之光”展厅开馆以来首次封厅改造，并于当年10月1日重张开放。改造后的“华夏之光”主题展厅展项数量由原来的125件（套）增至146件（套），其中全新展项为60件（套）。增加VR虚拟现实项目，利用互联网技术，使展览的可视性、互动性、趣味性进一步提升。设置覆盖整个展厅的无线网络中控系统，对所有展品实现一键开关机，对每件展品进行实时状态监控。同时，设置移动导览系统，每个展项均配置二维码，观众通过扫描二维码获取文字、图片、音频、视频等各类展项拓展信息，有效提升了参观效果。

（5）单件展品更新改造

在推进区域更新改造的同时，积极开展单件展品更新改造工作，完成机器人表演舞台、CT-6托卡马克装置、硅化木、室外灯柱、锥体上滚、空中成像、激光琴、无皮鼓、变换的风景、减法混色、心跳等展品的更新改造，为公众提供灵活新鲜的展品教育服务。

▲▼ 图 2.26 2017 年 10 月 1 日，“华夏之光”常设展厅完成改造，全新面向公众开放

图 2.27　单件展品更新改造后集锦

三　短期展览

为弥补常设展览内容的局限性，及时配合国家重大任务和迎合社会关注的科技热点，短期展览以其主题鲜明、重点突出、形式灵活、反应迅速等特点，成为常设展览的有效补充，也成为中国科技馆开馆 30 年来可持续发展的最有生命力的科学传播的形式之一。中国科技馆积极服务行业，精选专题展览，长年在全国各地进行巡展，既扩大了受众范围，也为丰富地方科技馆展出内容发挥了积极作用。

1. 拓展思路，发挥潜能

一期展厅开放后，中国科技馆不断探索，发挥潜能，先后开发了“青春期教育展览”“中国中医药科技展”“克隆科普展”“茅以升生平事迹展览”“彗星撞击木星科学展览”“灾害事件的应急与自救展览”“爱国主义国防科普模型展”“中国南极科学考察成果展览”等一系列专题展览，取得了良好的社会效果。

图2.28　1990年，“青春期教育展览”内容审查会

图 2.29 1992 年，“中国中医药科技展”在中国科技馆展出

图 2.30 1994 年，观众参观“彗星撞击木星科学展览”

2. 锐意探索，打造精品

二期建成后，在开发和组织专题展览的过程中，中国科技馆从展览教育理念和办展方式上进行了新的探索和尝试。在展览主题的选择上，更加注重科学技术发展的重大成就和国家重大方针政策的宣传和展示，满足广大公众迫切希望了解有关问题的需要，也适应了党和国家重大方针政策贯彻落实的需要。在展览形式上，更加强调科学中心理念和精品意识，注重增强展览的亲和力及互动性。

（1）宣传党和国家大政方针类展览

2004年7月，中国科技馆承办的“科学发展观：人与自然和谐发展篇”大型科普展览，以发人深省的500多幅照片和数十个标本，直观、形象地宣传了全面、协调、可持续的科学发展观，受到广大群众的热烈欢迎，得到中央领导的肯定。中央电视台新闻联播和焦点访谈栏目连续一周报道，《人民日报》《光明日报》《科技日报》等媒体也设专版介绍，取得了极大的社会效益。

2006年9月，在全国科普日主会场举办的“节约能源，你我共参与”展览中，通过科普剧以及60余件互动型展品和展板，向观众普及节约能源的知识，成为主会场的一大亮点。展览受到到场中央领导的一致赞许，同年，展览在国内进行巡展。

图 2.31　2004 年，“科学发展观：人与自然和谐发展篇”大型科普展览

（2）纪念、记录重大科技事件类展览

于世纪之交的 2000 年举办的“回顾与展望——20 世纪科技成就和 21 世纪科技发展前景”和“世纪辉煌——诺贝尔科学奖百年展”大型展览气势恢宏，内容丰富，吸引了美籍华裔诺贝尔物理学奖得主李政道、一百多名两院院士、数百名科学家和广大公众前来参观。

神舟五号遨游太空之后，中国科技馆借全社会航天热潮良机，乘势举办了“梦系太空——人类航天事业历程与成就展”“‘两弹一星’功勋奖章获得者事迹展”“火星交响曲”和“中国载人航天科普展”。特别是“中国载人航天科普展”将神舟五号返回舱和太空服等实物请到展览大厅，引起轰动。

图 2.32　2000 年 6 月，李政道先生参观“回顾与展望——20 世纪科技成就和 21 世纪科技发展前景”展览

“两弹一星”功勋奖章获得者王大珩、朱光亚、杨嘉墀、周光召、彭恒武和航天员杨利伟、聂海胜、翟志刚在中国科技馆与广大观众见面。世界上第一位女宇航员捷列斯科娃和日本首位宇航员、日本科学未来馆馆长毛利卫也前来参观了神舟五号返回舱。

2002 年，配合北京世界数学家大会的召开，利用其“中国数学史国际研讨会”分会场设在中国科技馆，举办了别开生面的“中国古典数学玩具展”，首届国家最高科技奖得主吴文俊院士亲自向前来参观的中外数学家和公众讲解。2003 年主办“不朽的科学巨人——纪念牛顿诞辰 360 周年”科普展览。2005 年，配合国际物理年，中国科技馆成功举办了“穿越时空的物理之光”和“爱因斯坦——宇宙大匠”专题展览。

图 2.33 2004 年 5 月，杨利伟出席“中国载人航天科普展”

图 2.34 2003 年 11 月，“两弹一星”元勋王大珩、杨嘉墀和航天员聂海胜、翟志刚参加“‘两弹一星’功勋奖章获得者事迹展”

图 2.35　2005 年，“穿越时空的物理之光”展览

图 2.36　2003 年，“征服瘟疫之路——人类与传染病斗争的科学历程”展览

（3）关注社会热点类展览

2003 年，全国抗击“非典”疫情期间，中国科技馆经过多方努力，向观众推出了“抗击‘非典’设备科普展”，从技术装备这一个侧面再现了广大医务工作者在抗击“非典”这场没有硝烟的战争中依靠科学、战胜“非典”的情景。随后，与北京市卫生局、解放军 302 医院、北京大学等单位合作，举办“征服瘟疫之路——人类与传染病斗争的科学历程”展览。2005 年 12 月，

还举办了“阻击禽流感科普展”。2012 年举办“食品安全与公众健康”展览。公众通过这些展览直接、科学地认识了相关传染病和食品安全知识，消除了恐慌心理，掌握了今后面对其他流行疾病时应采取的应对措施。

3. 广开资源，注重品牌

中国科技馆自新馆开馆以来，探索实践自主研发、合作开发、社会众筹、精品展览引进等多元化的短期展览运行管理模式，格外注重借助高校、科研机构和企业专家学者的智力优势，在自主创新的基础上，实现以我为主、发动社会、资源共享、互惠互利的合作模式。

在“中国梦 · 科技梦”的主题下，先后举办“载人航天科普展”“互联网进入中国 20 年”“核科学技术展”“机器人展”“光照未来——光及光基技术展”“航空器及无人机展”“心理学主题展”“创新决胜未来”等系列展览，形成一定的品牌效应。

深挖主题展览潜力，顺利完成“低碳生活”“水 · 生命 · 生产 · 生态”“中国古代机械展”“日月经天，江河行地——国家重大科技成果掠影”“我们一起走过——中国科技馆馆史展”“香港航天科普展”等专题展览开发，以活泼新颖的形式、深入贴切的内容，赢得良好的社会声誉。

先后推出“虚拟现实技术博览会”“中国航天事业创建 60 周年科技成果展”“盐的故事”“我们从哪里来——宇宙与生命的历程”“无人的力量——

无人系统科普展”“嗨科技酷品展”“镜子世界”“脑中乾坤：心智的生物学”等主题展览，并分别配套开展丰富的展教活动，确保短期展厅不断推陈出新。

李岚清同志专程来到中国科技馆参观“脑中乾坤：心智的生物学”，并就脑科学发展与专家座谈。该展览是中国科技馆首次与中国台湾自然科学博物馆在主题展览资源互惠方面的合作。

此外，中国科技馆组织了由11家科技馆和6家企业参与的系列主题展览的开发工作，展览数量17套，每套展览面积600平方米左右，展品20~30件，展览在全国科技馆范围内进行巡展。系列主题展览的开发与巡展，有效促进了展览资源的共建共享，使地方科技馆得以在经费不足、资源不足的情况下，通过临时展览的方式促进展馆的常展常新，为当地公众提供更好的服务。其中，“影子世界”“童话科学”“神奇的仿生学”于2012年7月至8月在中国科技馆举办会展。

▲▼ 图 2.37　2014 年 10 月，中国科技馆举办“中国梦 · 科技梦——核科学技术展”

▲▼ 图2.38　2016年1月1日，中国科技馆自主开发举办的“遇见更好的你”——心理学专题展览

图 2.39　2016 年 6 月 7 日，中国科技馆举办“开启另一个世界——虚拟现实技术博览会”

图 2.40　2017 年 7 月 1 日，中国科技馆在香港维多利亚公园举办“创科驱动航天放飞中国梦”主题科普展览活动

4. 国际视野，开放融合

发展新时代科普事业，必须坚持以全球视野谋划和推进科普工作，要以更加开放的世界眼光，充分借鉴吸收国际有益经验，同时总结发挥自身所长，提炼科普事业的中国方案；搭建科普领域全球性、综合性、高层次的交流合作平台，为世界公民科学素质建设提供中国模式，凝聚最大共识，为推动人类社会文明进步贡献更多力量。

（1）与希腊交换展览项目落地

作为“2017中国希腊文化交流与文化产业合作年”（简称“中希文化交流年”）框架内的重要活动之一，2017年9月21日，由中国科技馆和希腊赫拉克莱冬博物馆共同举办的“中国古代科技展”在希腊雅典的赫拉克莱冬博物馆展出，首次与希腊公众见面。同年11月3日，“古希腊科技与艺术展”在中国科技馆短期展厅开幕。这是落实“一带一路”倡议的有益探索，是中希两国人民彼此的文化问候，是中国科技馆与希腊科普场馆合作交流的良好开端，同时也是中国科技馆新馆首次采取展览互换的形式引进国外优秀展览。这一展览形式有利于将中国的展览资源推向世界，让更多的人了解中国，同时引进世界优秀的展览资源，帮助中国公众了解世界，促进科普教育的全球化。

图2.41 2017年11月3日，“古希腊科技与艺术展”在中国科技馆短期展厅开幕

图 2.42 2017 年 9 月 26 日，希腊总统帕夫洛普洛斯（ProkopisPavlopoulos）在中国驻希腊大使邹肖立的陪同下参观“中国古代科技展”

（2）马来西亚项目落地

为积极响应并落实国家提出的“一带一路”倡议，实现沿线国家科普场馆互通互联、繁荣发展，2018 年，中国科技馆启动“太空探索”展厅展品输出“一带一路”国家（马来西亚）项目，旨在通过沿线国家科普场馆展示和宣传我国处于世界领先水平的科技创新实力，借助科学文化这一共同语言助力国家“一带一路”发展。2018 年 8 月 4 日，中国科技馆与马来西亚槟城圆顶科学馆合作的“太空探索”展厅在槟城圆顶科学馆开幕，中国科技馆设计制作的 6 件航天主题展品面向马来西亚公众正式开放。

图 2.43　2018 年 8 月，中国科技馆航天主题展品在马来西亚槟城圆顶科学馆正式展出

（3）研发新展览服务“一带一路”倡议

以中国科技馆与希腊、缅甸、马来西亚和斯里兰卡等“一带一路”沿线国家的科普合作为起点，中国科技馆将继续深化在“一带一路”沿线国家的科普合作，讲好中国科普故事，传播中国模式。目前，中国科技馆正自主研发“榫卯的魅力”和“做一天马可 · 波罗：发现丝绸之路上的智慧”主题展览，之后将向“一带一路”沿线国家科普场馆推送，实现科普资源互惠共享，引领沿线国家科普事业的建设和完善，真正实现合作共赢、共建共享。

（4）引进外展

在积极推动展览展品“走出去”的同时，中国科技馆秉持“开放办馆”的理念，广泛引进国际优质科普资源，内容涉及物理、生物、化学等。2005 年，引进法国欧莱雅公司“破解头发的奥秘”展览，介绍头发的知识；2010 年，与瑞典驻华大使馆合作举办“视觉电压”展览，揭开电的神秘面纱；2010 年，与瑞士驻华大使馆合作举办“爱因斯坦”展览，呈现了一个生动全面的科学家；

2012年，引进法国道达尔“和谐能源之旅”展览；2013年，引进德国马克斯·普朗克科学促进协会“科学隧道3.0”展览，突出科学技术和社会创新的内在可能性和机遇，展望21世纪未来社会图景。

四 特效电影

特效电影利用现代电影科技手段，使观众产生身临其境的感受，体验各类影视特效刺激，领略科技与自然之美。特效电影能够调动观众视、听、嗅、触、动等多种感官体验，与科技馆的参与式教育理念相符合，成为科技馆中重要的科普设施和手段。

1989年5月，中国科技馆开馆一年后穹幕影厅即开工建设。1995年8月25日，直径27米的中国科技馆穹幕影厅正式向公众开放，为我国观众带来了全新的观影体验，影厅的规模和容量也进入世界先进行列。在此基础上，2001年又增设3D动感影厅。这两套设备代表了当时最先进的特效电影放映技术，为观众奉献了数十部国内外精彩特效影片。此外，穹幕影厅也因为其独特的造型成了北三环地标性建筑，深受观众喜爱（见图2.44）。

图 2.44　穹幕影厅外景

2009 年，中国科技馆新馆建成了当时世界上最大的球幕影院，球幕直径达 30 米。球幕影院引进世界先进的 IMAX 放映设备，采用 30 米直径的半球形银幕，配以 6 声道立体声音响效果，带给观众强烈的视听震撼和无与伦比的艺术享受。球幕影院同时配备世界先进的光学天象仪和数字辅助投影系统，可以演示恒星、行星等天体运行，还可以展现日月食、月相变化等天文现象，影院座椅整体倾斜 30 度，为观众营造仰望苍穹的舒适环境。

中国科技馆新馆还建设了巨幕、4D、动感影院。其中巨幕影院是当时世界上最先进的影院之一，银幕宽 29.58 米、高 22 米，可容纳 632 位观众，并

图 2.45 中国科技馆新馆 4 个特效影院运行现场

设有残疾人专用座位，特别设计的大坡度影院座位，让每一位观众都拥有无障碍的视觉。动感影院引进了当时最先进的 SimEx-Iwerks70 毫米 5 孔放映机，以及 3 个拥有 6 个自由度的动感平台，观众不仅能观看立体电影，而且其座椅能够配合影片内容产生动感变化，使观众在动、静的配合中身临其境，体验坐过山车的刺激感觉。4D 影院采用世界先进的特效数字高清立体电影播放系统，特效控制系统与影片情节配合，把视觉、听觉、嗅觉、触觉及动感完美融合，让观众有身临其境的参与感。

2018 年，球幕影院激光数字放映系统升级改造项目完成。改造后的球幕影院播放设备由原有的 6 台 7000 流明工程投影机升级为 10 台 35000 流明高亮度 4K 激光工程投影机，放映效果得到大幅度提升，整体画面分辨率可以达到真 8K，该系统在天文、科学内容可视化方面具有很强的演示功能，为进一步发挥球幕影院科普教育功能奠定了基础。

1988 —— 2018

第三篇
教育活动

1988 —— 2018

作为全国唯一的国家级科技馆，中国科技馆肩负着普及科学技术知识、培养创新能力、提升全民科学素质的重要使命，经过30年在教育活动方面的不断探索，得到了蓬勃发展。回望过去，自建馆以来，中国科技馆一直把教育活动这一直接面向公众的科学普及形式作为工作重点，不断探索创新教育形式，以饱满的热情与严谨的态度对待每一位观众。放眼当下，中国科技馆展览教育工作稳步开展，蒸蒸日上，教育理念和活动形式与时俱进，丰富多彩的教育活动全面开花。

一　展览辅导

中国科技馆的教育功能主要通过展览展品和教育活动两大途径来实现。其中，展览展品是最基础、最有科技馆特色的实体资源；而依托于科技馆展览资源开发的展览辅导类教育活动，则是实现科技馆教育功能的关键。中国科技馆展览展品涵盖了从基础学科到尖端科技、从古代科技成就到现代科技前沿成果等各领域。依托这些展览资源，中国科技馆开展了多样化、特色化的教育活动。

1. 筚路蓝缕，一期活动服务公众

一期展厅开放后，中国科技馆立足常设展览，依托现代科学技术基础

图 3.1　观众积极参与一期展厅教育活动

图 3.2　观众踊跃体验“马德堡半球实验”

知识和中国古代传统技术两个常设展区资源，积极开展教育活动，在向全社会传播科学知识、科学方法和科学思想，推进公众理解科学方面发挥了积极作用。

依托声、光、电等精彩展品，中国科技馆人面向公众开展了生动的讲解服务，有趣的展厅教育活动吸引了越来越多的观众，促进了公众对科技馆这一新型科普教育场所的了解，让公众对科技馆从未知到认识，从观望到参与。

2. 蓬勃发展，二期活动再展风华

二期展厅中基础科学类的展品更加丰富，还增加了大量应用技术和高新技术的内容。紧跟展览升级的节奏，展厅教育活动再上新台阶，活动形式更加丰富，活动主题更加多元，讲解活动场次不断增加。

2008 年，恰逢奥运会在北京举办，中国科技馆结合社会热点，以展区、展品为依托，开展了一系列切实有效的教育活动，为新馆教育活动积累了宝贵经验。春节期间举办的“科普合家欢”“科技大庙会”和“乐园探秘”活动，5 月初夏举办的“珍爱生命之源”节能减排科普系列活动，暑假期间与中科院等单位联合推出的“科技奥运之旅——中国科技馆迎奥运暑期特别活动”，“十一”期间举办的“智能车——速度与激情的体现”表演展示活动，将二期展厅的展品教育活动推向高潮。

图 3.3　二期展厅的教育活动

3. 开拓创新，新馆活动百花齐放

新馆建成后，总结老馆的展教经验，学习和探索最新的展教理念和活动方式，中国科技馆的展览辅导教育活动全新开启，并不断致力于精雕细琢，打造品牌。

（1）定时辅导

“莫比乌斯带”“小球大世界”“超导磁悬浮列车”等展品辅导活动，帮助观众更加深入地理解展品的内涵；“华夏之光”展厅每天定时开展辅导服务，带领观众走进古代科技世界，感受华夏科技智慧；以科学乐园“紧急迫降”展项为代表的开放式自主体验项目，转变为在科技辅导教师指导下的有组织教育活动，既提高了观众学习体验效果，又消除了安全隐患。

图3.4 “小球大世界”展品辅导

（2）定点辅导

中国科技馆对展教运行规律和服务模式进行分析研究，于 2011 年设置定点辅导服务，推行展项答疑台和高峰时段预约参与展项等新举措；提升观众参观、体验质量，改革展教活动模式。2012 年，设立“科技辅导教师”岗，对遴选出来的部分展品实施重点展项辅导，激发观众与辅导教师的互动学习热情，有效地提高了展览教育的效果。

（3）定制展教服务

“定制你的科技馆之旅”活动面向不同公众群体开展定制科普服务，增强观众体验实效。该活动被评为 2017 年第三届北京科普基地优秀教育活动展评一等奖。“中考串讲”经多年探索已形成电磁之旅、运动之美、声音之律、能量与能源、经典再现等五条成熟的主体参观路线。“开学第一课”活动仅 2017 年就组织了六期，参与学生 1946 人次。

为深入宣传学习贯彻党的十九大精神，中国科技馆开展了“观中科馆展品学十九大精神”活动，通过展厅相关展品宣讲十九大精神，将理论学习与实际工作有机结合。

为建设一支有活力、有战斗力、有凝聚力的展教辅导队伍，营造凝心聚力的团队氛围，保证展厅教育活动顺利开展，中国科技馆展教一线部门十分重视队伍建设与团队文化建设工作，开展各项业务技能培训、交流、座谈等活动。新馆开馆以来一直坚持开展的趣味运动会、我爱我展厅大赛和全岗辅导员选拔等活动，有效助力了中国科技馆展教事业的发展。

图 3.5　全岗辅导员选拔现场

图 3.6　“我爱我展厅”大赛

二 科普培训

科普培训主要指小实验、小制作等教育活动，是在科技辅导员的指导与关注下，公众参与的“动手做、做中学”等活动。中国科技馆将常设展览与展品的科普教育形式不断向外延伸拓展，长期以来致力于多形式、多渠道地开展教育活动。30 年来不断创新的教育培训，使更多的公众特别是青少年在科技教育的沃土中汲取营养。

1. 拓展领域，培训肇始

中国科技馆自建馆之日起就倡导激发公众好奇心和探索创造精神，展教活动努力突破传统的以教师讲述为主、受众被动获取知识的教学方式，努力唤起公众的科学兴趣，引导公众“动手动脑、主动学习、自主探索”。在一期展厅运行期间，中国科技馆紧跟时代步伐，追踪科技热点，结合实际探索创立各类行之有效的培训活动。1992 年 6 月，中国科技馆成立培训中心，启动计算机演示、动手园地、科普讲座等培训教育活动。

2. 实验培训，丰富多彩

二期展厅开馆后，中国科技馆秉持公益性原则，通过不断探索和实践，开展了大量内容丰富、形式多样的培训实验教育活动。依托科学教育机构创办并坚持了多届的“六一科技广场”和“科技动手做，欢乐大庙会”等科技动手活动，通过指导青少年做贴近生活、新奇有趣的科学实验，展现科学原理。各类学生科技知识培训班和科技创新大赛，如“大自然科学实验”“科技动手园地”“未来科技之星”“未来工程师”活动，有效地培养锻炼了青少年的动手、创新和协作能力。利用与美国朗讯科技基金会合作筹建的环境科学实验室，指导青少年进行环境状况考察，开设环境论坛等活动。与德国巴斯夫公司合作举办的“小小化学家”活动，带孩子走进奇妙的化学世界，参与人数广泛，取得了良好的社会效益。

3. 搭建平台，开展实验

新馆建成后，为丰富教育活动形式，中国科技馆规划了专门的实验场地，筹备了专业的实验器材，为公众提供了获取教育资源的新平台。2011 年，科普活动室和实验室正式对公众开放，自此开启了动手制作、趣味实验、创意体验等培训活动的新阶段。多年来，科普活动室和实验室教育成效显著，不仅内容日益充实，接连推出冬夏令营、亲子一日营、科学嘉年华等活动，而且积极整合资源，在多领域与相关单位合作开展特色活动，如联合北师大创客教育研究中心推出“少年创客”活动，与安捷伦公司开展“安捷伦科技节”活动，利用创意搭建教育器材 K.NEX 开展“小小工程师”系列活动等。这些科学活动受到了学生的热烈欢迎，得到了家长和社会的一致称赞。

图 3.7 科普实验室开展活动

图 3.8 观众使用科普实验室器材开展实验活动

4. 理念引领，启迪创新

中国科技馆不断引入新的教育理念，逐渐形成了以“基于实践的探究式学习”为最大特色的教学方法，并在工作中逐步开展课题研究，形成理论成果指导日常科普活动的工作模式。基于STEM（科学、技术、工程与数学）教育理念而开展了“STEM平行宇宙之漫步火星——制作火星车”“STEM平行宇宙之小火箭嗖嗖嗖”等教育活动，锻炼了青少年结合多学科知识来解决

图3.9　面向儿童开展STEM教育活动

实际问题的综合能力；将创客教育理念应用在教育活动中，在展厅内开设了“创客梦工坊”，开展“手制照相机”“重心——制作平衡鸟”“蛋壳不倒翁”“探秘哈勃空间望远镜”等教育活动，为公众提供创造的环境、资源和机会，让公众在实践中体验科学的魅力。

5. 科技学堂，致敬华夏文明

为不断丰富和完善教育活动的内容和方式，中国科技馆精心打造的“华夏科技学堂”系列教育活动，以中国古代科学技术和非物质文化遗产为资源，通过开展多种主题式教育活动，将历史、科学、技术、艺术与人文等元素有机结合起来，深受观众好评。至今累计开展了100余场的“华夏科技学堂”主题教育活动，配合“华夏之光”展厅展览开展的“解析璇玑玉衡，妙用天文仪器”“船说”“邂逅最美古桥”活动，配合“古希腊科技与艺术展”开展的“大海上的战争艺术”“小小滑轮提千斤”“里程表的鼻祖”“水知道时间”“古丝绸之路上的科技交流”等活动，主题鲜明，形式多样，注重探究和动手，结合传统且贴近生活，受到了观众的喜爱和好评。

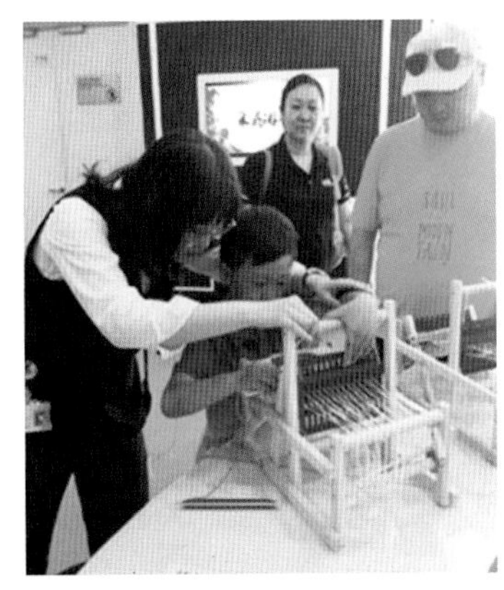

图 3.10　华夏科技学堂纺织主题活动

三　科学表演

科学表演指向观众呈现艺术性的科普活动，包括实验表演、科普剧等形式。科学表演特有的表现形式使深奥的甚至是枯燥的科学原理变得鲜活生动、妙趣横生，且色彩丰富、赏心悦目，从而更加吸引观众的眼球，实现了不一样的科普效果。

1. 实验表演，展厅里的经典

中国科技馆自一期开始就在展厅表演高压放电、液氮实验、静电发生器等趣味十足的科学实验，给观众带来了无比新奇的体验。经历30年实践打磨，常设展厅的许多科学表演节目已锻造成为经典品牌，为千千万万观众展现了科技带来的神奇现象。

除了对科学原理的实验探索，中国科技馆还开展对古代技艺的还原展示。在新馆“华夏之光”展厅中，每天都上演着大花楼织机、木版水印、拓片、抄纸等精彩表演活动，向国内外观众展示中国灿烂辉煌的古代科技文明。

图 3.11　一期展厅中观众观看法拉第笼表演

图 3.12　1996 年，中国科协第五次全国代表大会代表观看展厅科学表演

图 3.13　中学生观看液氮表演

图 3.14　宋锦大花楼织机织锦表演

2. 科普剧，舞台上的惊艳

从2005年暑期引进“挑战惊奇”科普剧，到2007年开展“儿童科普剧”、2009年国庆期间引进“蜗牛刷牙”“小壁虎借尾巴”等10余场木偶剧，再到与“开心麻花”创作团队联手打造环保科普舞台剧《恐龙复活》，中国科技馆通过表演科普剧不断丰富展览内容，为各展馆运行提供了有力的支持，受到了观众的普遍好评。

如今，科学表演的内容更加丰富，形式更加新颖。在2016年亚太地区科技中心协会（ASPAC）年会开幕式上，中国科技馆表演的音乐舞蹈剧《春江花月夜》将中国古典艺术和科学实验完美融会，让观众在古声古韵中深切体会到了中国传统美学与现代科技的魅力。百变形体剧 *Time for Fun* 利用肢体和简单道具，演示从古至今计时工具的奇妙发展之旅；科学小品剧《新编霸王别姬》通过神奇变声、金属剑水中融化等多种创新实验，直观展示了物质的神奇特性，在京剧的一招一式和优美唱腔中演绎科技的精彩。

图 3.15 音乐舞蹈剧《春江花月夜》

图 3.16 科普剧《皮皮的火星梦》

2017 年，中国科技馆首部大型互动科幻童话剧《皮皮的火星梦》亮相，献礼首个“全国科技工作者日”，受到社会各界一致好评。全剧通过互动的科学实验与沉浸式戏剧演出相结合的方式，融合童话与科幻，演绎人类不畏艰险的火星探索历程。截至 2018 年 8 月，先后在馆内、香港、太原、吕梁、新疆克拉玛依等地演出 160 余场，观众近 6 万人次。

四 科技竞赛

科技竞赛是针对那些对某个领域或学科有特殊兴趣的公众群体开展的有组织、有计划、有一定规模的科技赛事。

全国青年科普创新实验暨作品大赛自 2013 年至今已举办五届。2017 年，第五届赛事活动在全国 15 个赛区全面推进，从中学到大学的青年学生热情参与。大赛还吸引了聋哑学生动手实践，台湾同胞组队参加。来自全国 169 座城市、2447 所学校的 18240 支团队约 5.5 万名学生参与竞赛，共征集到作品 12399 件，相关科普活动参与人员超过 30 万人。大赛不仅成为青年学生展示自己才华的舞台，更是青年履行社会责任，助力国家科技发展的重要展示平台。

图 3.17　全国青年科普创新实验暨作品大赛

图 3.18　大国小工匠活动

“我的大国小工匠”活动面向8~12岁儿童，以STEAM（科技、技术、工程、艺术与数学）教育理念为指导，通过培训与比赛相结合的形式，培养儿童的创新思维能力、“工匠精神”，以及专注、求精等优良品质。2017年首次举办期间，全国共有50支团队、200名儿童参与，选手们设计并完成的工程类作品，在展厅向公众展示，收到了良好的效果。

五 对话交流

对话交流类活动是指中国科技馆为专家与公众、公众之间搭建相互交流科学问题的平台，以科普报告、科普讲座等形式开展的教育活动。

1. 青少年和科学家面对面活动

1994年，中国科技馆创办了“青少年和科学家面对面”活动，一度成为中国科技馆品牌项目，与科学家近距离的接触交流使参与活动的青少年深受鼓舞，激发了青少年对科学研究的兴趣。该活动自开办至2012年，每年举办一届，每届均邀请我国相关领域著名科学家开展交流，影响深远。

图 3.19　第十届科学家与青少年会面活动

2. 中科馆大讲堂

2011 年，中国科技馆创办“科学讲坛”活动，围绕社会热点事件举办科普讲座，主题涵盖物理、环境、航空航天等多个学科门类，吸引观众近万人次，受到广泛好评。“中科馆大讲堂”是在“科学讲坛”基础上不断探索与创新，于 2015 年创办的以科普讲座为主，综合采用科学脱口秀、科普看片会、科普阅读会等新颖形式的大型科学传播公益活动。至 2018 年 4 月底，该活动已举办“现代军事战争”“世界地球日”“中国航天日”等专题讲座 223 期，吸引观众 92207 人次。同时，充分发挥社会资源优势，与《知识就是力量》杂志社、中国微米纳米技术学会、TEDxKids 等单位或社会团体开展积极合作。

图 3.20　2010 年的科学讲坛

图 3.21　观众积极参与中科馆大讲堂互动活动

图 3.22 中科馆大讲堂的部分报告人

此外，为了落实中国科协“科技助力精准扶贫工程”，发挥中国科技馆科普资源的优势，“中科馆大讲堂”项目针对中国科协定点扶贫的山西岚县和临县开展科普讲座，服务观众 3830 人次。

六 影视科普

为促进公民科学素质建设，中国科技馆联手电视、报纸等大众传媒，开展广泛的科普教育活动。

1. 合作与自主开发影视科普作品

建馆初期，中国科技馆积极探索创新宣传方式，联手电视媒体开展科普教育活动。1993 年，为宣传一期展览，让更广泛的观众认识到科技馆的魅力，中国科技馆主动拜访中央电视台和北京电视台等有关栏目，寻求合作。功夫不负有心人，合作顺利开展，与北京电视台共同制作了 22 集少年儿童“七色光”栏目，通过妙趣横生的科学小实验和生动精彩的展厅展品介绍，中国科技馆走进了千万个孩子和家长的心中。

2005年，与怡光国际经济文化集团有限公司合作拍摄20集电视剧《科技馆的故事》，在中央电视台八频道播出。2007年9月，与中央电视台《大家》栏目联手举办了《大师讲科普》大型科普公益电视节目，邀请杨振宁、袁隆平、吴文俊、欧阳自远等9位科学大师做科普报告，借助媒体力量有效拓展了科普范围。

为丰富特效电影内容，中国科技馆开发了《熊猫与巨猿》、《谁是真英雄》《秦岭熊锋》、《智脑危机》、《舐犊之爱》、《月球的奥秘》、《宇宙与生命》（维汉双语版）、《宇宙的奥秘》、《生命起源与演化》、《中国航天路》等系列电影，并在地方科技馆播放。

完成了中组部远程教育《科普之窗》电视栏目、《科普大篷车》电视栏目的制作送播工作。其中《科普之窗》栏目每天通过中央教育电视台播出30分钟，《科普大篷车》栏目覆盖省级播出电视台6家，地市级电视台205家，县级电视台1102家。

中国科技馆自主研发影视科普作品，与媒体的合作方式不断转变升级。2018年，中国科技馆围绕社会热点，聚焦百姓关切话题，原创制作了《水果中的"VC"之王竟是它》《菊花茶会二氧化硫超标吗》及系列科普动画《发红的甘蔗还能吃吗》等数十部科普作品，在中央电视台一套《生活圈》栏目播出。作品获中央电视台业界人士高度评价，中央电视台希望与中国科技馆拓展、深化合作，共同打造"百姓生活顾问，融媒体帮扶体系"项目。

图 3.23 原创科普影视作品在 CCTV-1《生活圈》栏目播出

2. 科技电影展映

为给观众带来科技电影的全新体验，使观众尽情感受特效电影的震撼魅力，自 2011 年起中国科技馆举办第一届特效电影展映，至今已举办八届。2013 年 4 月，第三届中国科技馆特效电影展映首次纳入北京国际电影节“科技奇观”展映单元，成为电影节一大亮点，并在 2018 年升级为北京国际电影节“科技单元”。

2017 年，中国科技馆充分发挥特效影院资源，策划创办“科学影迷亲子沙龙”和“科技馆精品天文课”两项系列活动。多场亲子沙龙活动以及“国际暗物质日”北京主场活动成功举办，将观影与科普报告、沙龙对话、观众互动紧密结合起来，取得良好的社会反响。“精品天文课”利用球幕影院打造天文课校外课堂，形成完整的可移植、可复制的课程案例。

图 3.24　利用巨幕影院开展科普教育活动

七　综合科普活动

综合类活动主要指采用两种以上类型的综合性主题教育实践活动，如科学故事会、科学生日会、海上科学城、建设我的月球基地等。

1. 科学故事会

“科学故事会”以讲述科学故事为传播方式，通过线上展示与线下活动相结合的方式搭建学习、展示、交流的平台。中央电视台少儿频道对这项活动进行了专题跟踪报道。参与比赛的部分选手还参与录制了中国科技馆原创广播剧《丝路奇遇记》，以小主播的形式为公众传播科学知识。为了鼓励儿童自主思维，打造“创、讲、学、做”一条链，第三届“科学故事会”鼓励原创故事参赛，并同步启动科学故事征文活动，共征集到原创科学短篇故事50余篇。

图 3.25　小朋友讲科学故事

2. 科学生日会

“科学生日会”是专项定制科普服务，自 2017 年开办以来，通过新颖的活动形式，整合各项展教活动，揭开科学严肃面纱，让观众们在中国科技馆里欢乐庆生，吸引了很多青少年、家庭关注科技馆，参与中国科技馆的展教活动。每年 5 月 28 日开展的面向科技工作者的专场生日会，成为“全国科技工作者日”的特色活动之一。

图 3.26　“与科技工作者共话未来”科学生日会成功举办

图 3.27　百门科学主题实践课

图 3.28　科普辅导员为学生“中考串讲”

图 3.29 “小小志愿者”为观众讲解恐龙化石

3. 小小志愿者

为弘扬志愿精神，培养青少年的主人翁意识，全面提升青少年的能力素质，中国科技馆于 2007 年正式推出了“小小志愿者”品牌活动，鼓励孩子们主动走进展厅，学习展品背后的科学知识和辅导技巧，提升讲科学、爱科学、学科学、用科学的意识。每年均有 80~100 名招募的“小小志愿者”在展厅为观众服务。

中国科技馆致力于为“小小志愿者”打造更广阔的活动平台。“流光魅影”“重建家园”以及“Time for fun”等多项科普表演，都展示了“小小志愿者”的风采。志愿服务中的所学所得，激励每一位“小小志愿者”成长为乐于奉献、勇于担当的祖国新一代。

4. 馆校合作

馆校合作是中国科技馆发挥展览优势、扩大科普范围的高效组织方式，包括场馆学习、科技馆进校园、学校科技教师培训、创新人才培养、校本课程开发等五种形式。

2017 年中国科技馆设立“馆校结合基地校”项目，与 209 所学校合作开展，为签约校提供系列服务。中国科技馆将以“馆校结合基地校”项目为契机，推动馆校合作的提质升级，同时充分发挥行业引领示范作用，带动各地科技馆与学校全方位合作，更好地发挥各地科技馆在提高未成年人科学素质、促进未成年人全面发展中的作用。

图 3.30　首届 PDC 教育国际学术论坛成功举办

5. 建设我的月球基地

2016年5月，为纪念中国航天60年，面向青少年普及航空航天科学知识，举办了“建设我的月球基地”主题教育活动。活动邀请中国月球探测工程首席科学家欧阳自远院士亲自和小设计师交流互动，国家天文台副研究员郑永春博士全程指导。仿真实验室首次将虚拟现实技术和传统教育活动结合，吸收青少年的创意，制作虚拟现实作品。

6. 海上科学城

2017年5月，中国科技馆与中国科学院海洋研究所合作，引入STEAM教育理念，把科学和艺术、逻辑思维和形象思维相结合，因材施教开展了“海上科学城”大型科普实践活动。

活动依托“中科馆大讲堂”举办了5次科学大课，现场观众达2000多人，

图3.31 “建设我的月球基地”活动现场

直播平台累计观看量超过 10 万人次，共有近 300 名北京学生报名参加现场招募，选拔学生开展创作。中国科技馆辅导员登上中国科学院海洋研究所“科学”号海洋科学综合考察船，前往中国南海，现场连线直播海陆对比试验，制作航海日志，与科学家共同完成学生设计的实验方案。

图 3.32　“科学”号海洋科学综合考察船在中国南海现场直播

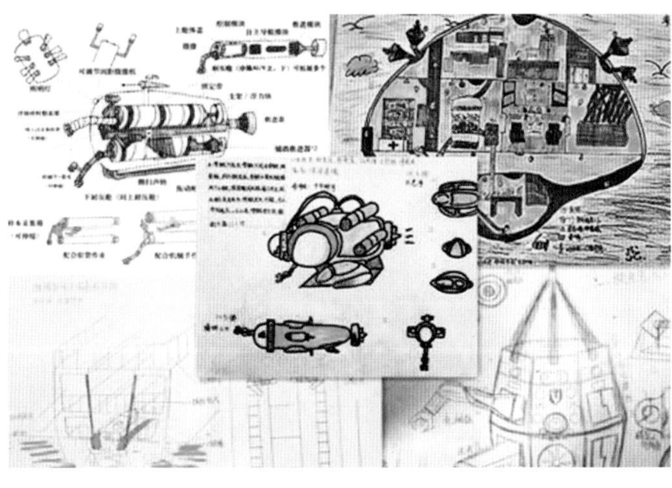

图 3.33　“海上科学城”参与展评的设计方案

7.“参观科技展览有奖征文暨科技夏令营”活动

引导青少年参观科技展览，促进其理解科学、热爱科学，中国科技馆自2015年启动“参观科技展览有奖征文暨科技夏令营”活动，通过面向全国青少年征集参观科技馆的作文，并遴选优秀作者参与夏令营活动，为中西部青少年创造了体验科学、增长学识、开阔视野的机会。截至2018年8月底约有20个省市近8万名青少年参与活动。

2018年4~8月举办的第四届夏令营活动首次将全国营交由地方馆承办，一方面为激发地方馆的参与热情，加大地方馆的参与力度；另一方面让来自全国各地的营员们感受多元化的科技体验。同时，这届夏令营还进一步加大了对中西部尤其是偏远农村地区的覆盖力度，增加了送科普到农村的新指标。

8．全国科普日活动

自2003年以来，中国科协每年都组织开展全国科普日活动，中国科技馆积极响应，积极策划、精心准备了一系列的科普活动，向广大社会公众普及相关科学知识。2004 年，首届全国科普日活动在中国科技馆举行，曾庆红等中央领导视察了中国科技馆的常设展厅和“科学发展观：人与自然和谐发展篇——大自然的警示与启示”展览成果。2006 年，中国科技馆主办的“节约能源，你我共参与”展览再次成为全国科普日活动的主场活动，曾庆红等中央领导来馆视察。

2015~2017 年，中国科技馆连续三年承担全国科普日北京主场活动，取得了良好效果。2016 年，自主研发的大型互动展项“梦想启航”和“建设我的月球基地”，得到中央领导同志的充分肯定。2017 年，原创主题展项——“登高望远”及配套教育活动精彩呈现。

1988 —— 2018

第四篇

运行管理

1988 2018

一 观众服务

服务观众是中国科技馆各项工作的核心目标，贯穿中国科技馆发展的主线。中国科技馆系统的观众服务工作自开馆之日起即全面展开，服务内容包括售检票、观众咨询、志愿者服务、公众宣传、文创产品开发等。

1. 热情服务公众

中国科技馆在一期、二期工程建成开放的20多年里，共服务观众2100余万人次。2009年9月新馆开馆以来，服务观众约2900万人次，2018年8月12日服务观众达到57382人次，创新馆开馆以来单日接待最高纪录。2018年8月29日，中国科技馆迎来开馆以来第5000万名观众。

图4.1 新馆开馆以来各年观众量走势

图 4.2　中国科技馆第 5000 万名观众参观体验活动

（1）不断改善票务服务手段。开馆以来，中国科技馆根据公众需求，不断优化票务制度，提供更加多元、灵活的票务服务。随着互联网大数据技术的发展，开发团体参观网上预约系统，通过适当提高学生团体免费参观上限等措施，不断优化淡旺季观众结构比例。适应观众消费需求，积极推进网络购票，2016 年完成票务系统升级改造，实现票务系统硬件优化。2017 年开发完成并推出网络预售和手机扫码即时购票服务，当年平均网络售票率为 23%。2018 年春节期间网络售票率最高达到 46%，初步缓解现场售票压力，为观众带来更多便利。

图 4.3 中国科技馆二期展厅检票

（2）改善硬件服务设施。为方便公众参观，中国科技馆设置了存包柜、手机充电站、轮椅、婴儿车等公共服务设施，改善观众的参观环境和服务设施。观众咨询服务台常年服务来馆观众的求助和咨询，开通热线咨询电话，服务未到馆公众，并设立观众留言簿，及时听取和回应公众的意见建议。此外，为营造良好的场馆视听环境，在馆内开设了多块电子互动信息屏播放科普宣传片和公众服务信息。特别是 2017 年完成的西大厅高清晰、超大面积 LED 显示屏，让公众在公共空间就能体验到极具震撼力的科普影视。

2. 提供运行保障

（1）完善运行制度和规范。中国科技馆始终坚持服务为本，不断强化细节管理，促进服务水平的持续提升。认真分析观众参观规律，对节假日参观高峰做好预评估，统筹制定全馆服务预案，确保场馆运行安全有序。总结提炼日常运行工作经验，参照行业标准，制定实施为观众服务的日常运行管理规范、岗位工作手册、礼仪服务规范手册等，对各岗位的人员配置、工作流程、服务标准等进行规范管理和科学考核。

（2）汇聚志愿者力量。中国科技馆始终将弘扬和倡导志愿精神作为履行社会责任的重要内容，结合自身科普资源优势，积极搭建志愿服务平台、拓展志愿服务项目，努力动员和吸引社会各类志愿者群体，广泛参与科普教育和科普宣传工作，切实发挥精神文明建设“窗口”单位作用。积极推动大学生团体志愿者、小小志愿者、社会个人科普志愿者等服务团队建设，每年组织各类志愿者约 1 万人次来馆服务 6 万小时。2014 年 4 月，被首都精神文明建设委员会命名为第一批“首都学雷锋志愿服务站”，2017 年入选中宣部“全国公共文化设施开展学雷锋志愿服务首批示范单位”。

图 4.4 志愿者培训

3. 开展公共宣传

（1）面向公众的媒体宣传。为树立中国科技馆良好的公众形象，中国科技馆设计了统一的标识系统；此外，还非常注重通过大众媒体和自有媒体加强宣传工作。中国科技馆官网实时面向公众发布有关的展览和教育活动信息，并将重要的工作成果统一告知公众；事业发展后，更加重视通过大众媒体和新媒体快速宣传各项工作。2016 年元旦期间，“太空探索”“信息之桥”展厅开放登上央视新闻联播。2017 年各类传统媒体关于中国科技馆的报道超过 300 次。随着社会对中国科技馆工作的逐渐关注，中央电视台、中央人民广播电台、《光明日报》、北京电视台等重量级媒体及其他社会各界媒体前来进行深度报道。

（2）**应用新媒体的公共宣传。**中国科技馆官方网站是中国科技馆的重要宣传窗口。2002年9月，中国科技馆官方网站正式上线运行。网站对中国科技馆的概况、常设展览、临时展览、学术交流等诸多方面进行了详尽的介绍。2004年9月中国科技馆官方网站进行了第一次改版，改版后加入了经典展品的视频展示，且利用当时刚刚兴起的三维环视技术制作了中国科技馆第一套三维环视特效展示，在当时的科技馆、博物馆界属于领先应用。移动媒体兴起后，中国科技馆开通了“中科馆活动派”“科学讲坛”“华夏科技学堂”“科技馆说”“掌上科技馆”等微信公众号，及时发布各类活动信息。

4. 开发文创产品

2016年11月，国家文物局发布《关于公布全国博物馆文化创意产品开发试点单位名单的通知》，中国科技馆被列入全国首批92家文创试点单位，也是全国科技馆系统唯一的试点单位。2018年中国科技馆文创工作正式启动，现已围绕中国科技馆logo、建筑外观、展览展品及实验表演，开发并投产文创产品超50种，逐步打造自有文创品牌。

二　运行保障

场馆安全稳定有序运行是确保中国科技馆面向公众正常服务的基本

保障，为实现这一目标，后勤、安保和技术等相关部门把工作当作奉献舞台，任劳任怨，不计得失，甘当幕后英雄，为优质高效的科普服务提供坚实后盾。

1. 后勤服务保障

保障基础设施稳定运行是中国科技馆后勤服务工作的核心任务，自中国科技馆一期开馆就设立了物业管理处，2009 年 4 月更名为物业保障部，2013 年 1 月更名为后勤保障部至今，主要负责馆内建筑工程及设施的维修、交通、医疗、保洁、供电、水暖、电梯、绿化、餐饮等工作。新馆开馆前期，按照职能将部门业务单元进行重新整合，形成以水、电、电梯、空调为支撑的动力设施设备板块，房屋管理、总务、车队、医疗为服务的保障板块。

（1）后勤服务制度化、科学化、标准化管理。自 2010 年开始，中国科技馆先后制定了《中国科技馆公有房产管理办法》等 20 余项规章制度，通过 ISO9001 质量管理体系、ISO14001 环境管理体系和 GB/T28001 职业健康安全管理体系“三标”认证工作，逐步实现质量、环境及职业健康安全三套管理方法的有效整合。

（2）在运行中逐步完善规范化、节能化和安全化管理。2009 年新馆开馆以来，通过改造电力工程，年度用电量从 1530 万度，逐年下降到 2017 年 1230 万度。通过对制冷机房软硬件调试和数据分析，为全馆空调供冷系统量

图 4.5　组织全馆员工清除积雪

身定制了更加经济、合理的冰蓄冷运行模式，每年可节约电费 200 多万元，2012 年荣获“全国节能先进集体”称号。为加强水资源循环利用，在保障水暖正常运行基础上，充分利用两个大型雨水收集系统收集雨水，消毒过滤后用于园林绿化灌溉，有效地节约了水资源。此项工作在国管局主办的《公共结构节能情况》刊物上宣传报道。按照国家质监局有关规定，为电梯加装护栏并整改，确保公众参观安全；完成虹吸雨水管的改造，消除虹吸雨水管的安全隐患。

图 4.6　保洁人员清洗球幕影院

（3）在创新发展中实现社会化、信息化管理。2017 年，新馆完成开馆以来的第一次物业服务社会化团队更迭，在暑期高峰前，完成新老物业交接并实现新物业公司的安全、平稳过渡，圆满完成暑期、国庆、全国科普日、中秋等运行高峰期的物业保障服务任务。创新管理模式，引入后勤保障信息化平台建设，建立后勤保障业务工作平台，整合日常巡检、报修、设备设施维护保养等活动，实现电子化巡检、App 报修维修、设备设施维护保养的精细化、全生命周期管理。

2. 安全保卫管理

维护安全和谐有序的运行环境是中国科技馆安全管理工作的最高使命。始终坚持“安全工作压倒一切”工作原则，通过不懈努力，使安全管理制度体系逐渐形成，安全设备设施日益完善，社会化团队管理水平不断提升，杜绝了重大安全事故的发生，确保了无火灾火险事故、无人身伤害事件、无政治事件、无治安事件、无交通肇事事件，有力提升了中国科技馆的安全水平。

（1）推进技防设施升级改造。探索打造“智慧科技馆”，积极推进安防系统改造工程，项目预计增加监控点位1210个，采用高清监控系统，运用人脸识别、周界防范、人数统计、区域警戒等技术手段，实行24小时监控监测，提高可视化安全管理智能水平，实现智能化、集成化、可视化安全管理，全力保障中国科技馆安全稳定高效运行。

（2）加大安全应急培训教育。为提高职工安全素质，通过开展安全专题培训、应急疏散演习等多种形式的活动，使参训人员增强团队协作精神，了解消防安全知识，提高地震防护意识，掌握火灾、地震逃生技巧以及自救互助技能，能冷静地面对突发灾害并及时采取安全有效的保护措施，为实际工作和生活中应对突发事件提供了理论基础和实践经验。

（3）切实保障场馆安全运行。加强进馆人员的安全检查，合理布置防恐防暴力量，增加巡查班次，实行全年365天24小时无间断值守；年均安检

图 4.7　中国科技馆中控室

包裹 200 余万件，年查出刀具 2 万余把（其中，管制刀具 2000 余把），打火机 8 万个，查没的所有违禁品全部移交属地公安部门处理。

（4）规范社会化公司日常管理。在对社会化安保公司的日常安全管理中，重点加强三支队伍建设：一是加强安检队员业务培训，提高危险物品辨识能力，规范岗容岗姿文明礼仪执勤；二是做好防暴突击队建设，加强防暴队员理论知识和业务技能培训，定期开展应急演练；三是加强义务消防队建设，配备微型消防站设备设施，增设简易消防站点，配置应急消防物资，加大消防队员的训练力度，实现有备无患、常备不懈。

图4.8 安全检查

3. 展品维修服务

展品维修工作与中国科技馆的展览展品事业相伴而生，也是展品正常运行、服务公众的技术保障。中国科技馆二期运行期间，展品维修工作是由展览教育中心下设的一个小组负责；新馆开馆后，展品技术部已经由原来只有几个人的维修组，发展成为一个独立运行的部门。展品维修人员用钉子精神、工匠精神不断努力奋斗，奉献着自己的智慧和力量。

（1）加强制度规范建设，不断提升展品完好率。2009年新馆开馆之初，展品数量比老馆增加了3倍之多，导致运行不稳定。通过持续努力，展品完好率由开馆之初的90%提高到2017年的97.55%。其间，制定了《中国科技馆展品完好率奖惩管理办法》，激励和调动了展品维修技术人员的工作热情，有效提高了展品维修的工作效率和工作质量。另外，展品技术部还自主开发了展品完好率统计软件，使展品完好率统计工作更加准确、高效。2012年，完成《中国科技馆展品制作工艺和维修技术规范》课题研究，为展品制作和维修的规范化提供了理论依据。

（2）设技术攻关先锋岗，创新研发出精品。针对容易损坏、维修难度大的展品，设立技术攻关先锋岗，努力解决长期存在的技术难题，保障了展厅的正常运行。在专研展品维修的同时，还逐渐深度参与展览展品设计工作。2013年、2014年为全国科普日设计制作了PM2.5、“偏光3D投影系统”“血管显像仪”等展品；2017年完成了“锥体上滚”“小球阵列”等大型展品改造。

图4.9　展厅展品安装调试

（3）车间规划谋长远，服务模式引潮流。2011 年，为满足展品制作的高标准和新要求，中国科技馆设计了专门的加工实验车间，用于展览展品的试制和维修。经过升级改造，目前车间不仅是展品维护的保障，而且是展品设计创新的平台。为建立一支高素质、有技术、能打硬仗的研发队伍，探索将基础的维修工作通过购买服务的形式进行外包，并在“探索与发现”展厅进行试点，取得了良好的改革效果。此项工作也为全国科技馆创新展品维修服务模式进行了有益的探索。

图 4.10　在车间进行展品维修

三　综合行政管理

综合行政管理是中国科技馆整体运转、服务运营的中枢工作，包括综合办公管理、人力资源管理和财务资产管理等重要管理工作。此外，涉及全馆的重大活动协调组织、重要工作的统筹管理都隶属于综合行政管理。

1. 内部机构设置

根据中编办 1995 年批复，当时馆内事业编制为 180 名，2008 年人员编制增至 500 名，2015 年减至 430 名。至 2018 年 6 月，中国科技馆共有职工总人数 667 人，在编人数 343 人，退休人数 155 人，派遣人数 156 人。

随着事业发展和人员的增加，中国科技馆的内部机构也进行了几次重大变革。1988 年开馆时设置了党委办公室、人事保卫处、办公室、设计部、教育部、展览部、信息咨询部、物资器材部等 8 个部门；2000 年二期开馆时设有社教部、技术部、研究部、展览开发处、办公室、人事处、党委办公室、财务科、行政处、保卫科、事业发展部、馆基金会秘书处等 12 个部门；2009 年新馆开馆时设置了 16 个部门。近年来，随着中国科技馆事业的发展，内设机构进行了部分增设和调整，目前设有办公室（党办）、人力资源部（离退办）、财务资产部、科研管理部、展览教育中心、展览设计中心、古代科技展览部（筹）、科普影视中心、展品技术部、影院管理部、观众服务部、资源管理部、网络科普部、后勤保障部、安全保卫部、中国科技馆发展基金会办公室、中国自然科学博物馆协会办公室等 17 个部门。

2. 综合办公管理

办公室（党办）是中国科技馆党务、行政办公的综合管理部门，主要负责全馆重要文稿审核、重要会议活动统筹协调、重要事项督办、外事管理统筹、公共关系维护，以及全馆公文流转、文书档案、机要保密、行政内勤等综合办公事务。

（1）加强制度建设，提高内部管理规范化水平。中国科技馆坚持以制度促管理的工作方法。综合管理部门适时对全馆的制度制定、执行、修订进行督促和指导。经过2009年和2014年两次全面的制度整理汇编，目前涉及党建、综合管理、人事、财务资产、业务、安全、后勤等全馆性制度50余项，为中国科技馆的运行和管理提供强有力的制度保障。

（2）聚焦工作全局，做好全馆的统筹协调。中国科技馆的各类会议是确保民主高效决策和及时沟通协调的重要机制，目前主要有党委会、馆长办公会、馆长专题会、馆周会等。在日常的会议统筹基础上，专门建立了重大活动和重点任务的统筹协调和服务保障机制。此外，还通过起草涉及全馆工作的文稿、方案、计划，协调各部门同心协力、密切配合，搞好“大合唱”，确保工作一盘棋。

图 4.11　接待蒙古国总统

（3）增强服务联络，拓展业务交流伙伴。在面向公众开展科普的同时，中国科技馆广泛联系接待业内同行和社会各界，搭建了良好的业务交流和工作拓展平台。仅 2017 年中国科技馆就接待参观单位 200 余家、7000 余人次。为做好接待工作，综合办公部门规范接待流程，与各部门、各单位广泛交流合作，为外单位参观人员做好服务，树立了良好的公共形象。

3．人力资源管理

人力资源是中国科技馆最宝贵的资源，如何组建、培养和管理一支充满活力、能打硬仗的人力资源队伍是人力资源管理部门的主要职责。随着职工人数不断增多和社会环境的不断变化，中国科技馆的人力资源管理工作着力在干部监督管理、人事制度改革和人力资源管理等方面下功夫，为干部队伍建设和员工成长、成才做好服务，为中国特色现代科技馆体系创新升级提供组织和人才保障。

（1）加强员工培训与继续教育。经过多年积累，中国科技馆通过丰富培训内容和形式、拓宽培训渠道载体，组织开展以培训为主、自主选学为辅的学习活动，形成了较为健全的干部教育培养体系。通过制定教育培训计划，设立教育培训专项经费，满足干部教育培训的需求。2015 年以来，结合时事热点、业务需求等，共组织开展“全员学习日”全馆集中学习 51 期，进一步加强了理论武装、增强了党性修养、优化了知识结构、提高了管理水平、提升了素质能力。每年度选派领导干部参加中直机关党校干部进修班、中央和国家机关司局级干部专题研修班，组织开展支部委员及入党积极分子培训、信息技术培训、外语培训等，努力做到按需施教，认真完成上级调训工作任务，精心组织干部专题培训，实现育人、选人、用人有机结合。

图 4.12　全员学习日邀请中国科技馆原馆长、联合国教科文组织“卡林加科普奖”获得者李象益教授对十九大报告进行集中辅导

（2）编外人力资源管理。近年来，通过招聘派遣人员以保证各部门用人需求，为展览教育和观众服务等部门输送了充足的人力资源。为激励派遣人员的工作积极性，不断完善派遣人员绩效考核制度，严格执行奖优罚懒政策。与北京化工大学、北京工商大学等高校建立合作联系，开展实施勤工助学用工计划，补充了高峰时段的用工不足。每年接收由文化部、国家民委、中国科协等单位委托的港澳台、少数民族大学生来馆实习，得到了港澳台高校及实习生的广泛好评，并在港澳台高校及青年学生中产生了深远影响。

（3）离退休干部工作。中国科技馆现有离退休干部155人，队伍较为庞大。多年来，为做好老干部服务和管理工作，认真落实老干部工作各项政策及政治待遇，中国科技馆每年召开两次老干部通气会；着力在提升老干部服务保障质量上下功夫，发挥团委、工会作用，着力提高上门服务、主动服务、贴心服务水平，严格落实各项政策制度，妥善处理历史遗留问题，不断增强老干部的幸福感、满意度。

4．财务资产管理

随着事业的迅速发展，中国科技馆新馆工程建设资金量、采购量、资产量不断攀升，历届馆领导班子高度重视财务和资产管理工作，保存量、争增量，强化预算管理，确保中国科技馆事业稳步发展。新馆开馆以来，将财务、采购、资产工作合并成立财务资产部。这一革新性决策使财务、采购、资产三者之间的协作度获得极大优化，加强了三者关联的时效性和协同性，财务资产管理工作效率进一步得到提高。

（1）规范有效使用财政经费，确保科技馆事业稳步发展。中国科技馆经费盘子逐年增加，财政投入持续增长。2009 年至 2018 年的十年间，中国科技馆财政投入增加了近 4 倍。结合中国科技馆工作实际，陆续修订和完善了 11 项管理制度和实施细则，确保资金使用依法合规，把纳税人的每一分钱都花在刀刃上。

（2）加强采购管理，细化管理内容。在具体工作中不断优化政府采购的管理模式和决策机制，在原有政府采购领导小组的基础上，从 2014 年起逐步建立了采购工作专题会议制度。通过建章立制，初步形成了适应科技馆工作实际的项目管理体系，对中国科技馆政府采购活动中的归口管理、立项审批、采购限额及方式、采购流程、采购监督等做了详尽的规定，进一步规范了采购管理机制和流程。

（3）做好资产管理，提升资产使用效率。至 2017 年底，中国科技馆实有资产约 24 亿元。为不断适应国家及上级部门对资产管理要求的新变化，建立了一整套资产管理制度及具体执行标准与方法。从大资产概念形成管理环节明晰化、执行流程规范化、所需材料标准化的严谨管理风格，为管好中国科技馆的各类物品等固定资产提供了制度保障。

四 学术研究

1. 开展国外科技博物馆情报搜集和研究

中国科技馆从筹备建馆开始就高度重视并不断加强情报信息搜集工作，20 世纪 80 年代中后期编辑出版了国外科技博物馆情报资料集 13 册；1989 年编译出版了芝加哥科学工业博物馆馆长丹尼洛夫所著的《科学与技术中心》，这是国内科技馆出版的第一本学术性译著；2017 年又编译出版《美国探索馆展品集》（共 3 册），集中了探索馆自建馆以来的大部分展品精华。

2. 开展全国科技馆调研并承担重大科研任务

中国科技馆自 20 世纪 90 年代中期就自发开展全国科技馆情况调研，并撰写了当时国内第一份建立在比较全面而翔实的数据基础上的调研报告。1996 年，参与执笔起草由中国科协、国家计委负责编写的《中国科协“九五”

图 4.13 《科学与技术中心》和《美国探索馆展品集》

发展规划》。1998 年至 1999 年，参与执笔起草中国科协系统《科学技术馆建设标准》。2002 年至 2006 年，参与起草国务院《全民科学素质行动计划纲要》，参与起草建设部和国家发展改革委颁布的《科学技术馆建设标准》（建标 101–2007）。

2009 年新馆开馆以来，先后牵头承担国家 863 课题、科技部创新方法工作专项、国家科技支撑计划项目，承担中国科协“十二五”和“十三五”发展规划前期研究，并从 2012 年起承担中国科协“中国特色现代科技馆体系”概念设计、框架设计和发展规划等一系列课题研究。同时，每年还自发规划开展若干馆内课题研究。

3. 连续编辑出版研究文选

早在 1998 年 9 月就编辑出版《科技馆研究文选》，汇编了馆内研究人员截至 1998 年发表的 70 多篇论文和译文；分别于 2006 年和 2016 年编辑出版了《科学技术馆报告（1999~2005 年）》和《科技馆研究文选（2006~2015）》，集中展现了馆内员工多年来的研究成果。

图 4.14　三本研究文选

4. 积极创办发行学术期刊

中国科技馆从1987年9月起创办学术期刊《科技馆》（内部资料），直至2015年底停刊共编辑出版124期。《科技馆》杂志是中国第一部科技馆行业的内部期刊，27年的版面铭刻了我国科技馆事业发展的峥嵘岁月。

2016年1月，中国科技馆与中国自然科学博物馆协会、科学普及出版社联合主办的《自然科学博物馆研究》（季刊）正式创刊；截至2018年8月，已出刊13期（含增刊4期），共收录优质论文218篇，成为体现业界学术高度的重要交流窗口。2014年7月，中国科技馆开始编译北美科技中心协会（ASTC）的旗舰期刊《维度》（*Dimensions*）杂志，目前已编译出刊15期。

图4.15　《科技馆》《自然科学博物馆研究》创刊号和《维度》杂志

五 国际交流

中国科技馆筹建以来的30多年，十分重视国际交流与合作，通过“走出去、请进来”的方式，不断研究、学习和借鉴国外业界同行的成功经验，大胆引进国外科普资源和海外智力为我所用，加强国际交流与合作。

1. 在国际组织中，不断扩大国际影响

长期以来，中国科技馆努力通过培训、调研、参会、巡展等方式，不断推进国际交流与合作；积极加入国际科技组织，主动参加国际组织举办的科普活动，在国际组织里发挥有效作用，为促进我国科普和科技馆界与国际接轨搭建平台。

（1）发起和参与国际组织。1996年，第一次世界科学中心大会在芬兰赫瑞卡科学中心举行，中国是8个发起国之一，受到媒体高度关注。如今，世界科学中心大会已经成为世界三大有影响力的科技馆专业国际组织之一。1996年在第一次世界科学中心大会召开期间，中国科技馆会同澳大利亚、新加坡、马来西亚、印度等亚洲国家的代表倡导成立亚太地区科技中心协会（ASPAC）。目前，中国科技馆已加入国际博物馆协会（ICOM）、北美科学中心协会（ASTC）、亚太地区科技中心协会（ASPAC）、大银幕影院协会（GSCA）等4个国际组织，并在历届世界科学中心大会（自2014年起升格为峰会）国际程序委员会中始终保持中国唯一的委员席。

（2）在国际组织中任职。1992 年 9 月，时任中国科技馆常务副馆长张泰昌当选为国际博协科技馆专委会执委并于 1993 年连任。1997 年 6 月，时任中国科技馆馆长的李象益教授在阿根廷召开的国际博协科技馆专业委员会上当选国际博协科技馆专委会执委。2004 年 10 月，在韩国首尔召开的第 20 届国际博协大会上，已经退休的馆长李象益教授当选为国际博协执行局委员，成为中华人民共和国成立以来第一位进入国际博协领导机构的中国人。同年，时任中国科技馆馆长的王渝生教授当选为国际博协科技馆专委会执委。2010 年、2013 年，时任中国科技馆馆长的徐延豪和束为分别当选国际博协科技馆专委会副主席。2016 年 7 月 6 日，时任中国科技馆馆长的束为同志连任国际博协科技馆专业委员会副主席。作为博物馆界的国际性机构，国际博协是联合国教科文组织在非政府组织中最重要的合作伙伴之一，它与国际奥林匹克委员会一道，被称为联合国教科文组织的“一文一武”。时任中国科技馆馆长在该组织中连续任职，凸显了中国科技馆在世界博物馆界的重要地位。

图4.16　2016年7月6日，新当选的国际博协科技馆专业委员会执委

2013年11月24日，联合国教科文组织在第六届世界科学大会上为中国科技馆原馆长李象益教授颁发2013年度卡林加科普奖，该奖是世界科普最高奖，每年全球只评选1人，以奖励在普及科学技术方面有突出贡献的人。这也是自1952年设立该奖项以来，中国人第一次获此殊荣。

2．开展国际培训考察，积极参加国际会议

（1）出国考察学习先进经验。1979年，中国科技馆筹建委员会成立后不久，即组派了以著名专家茅以升为团长的考察团，先后赴美国、加拿大、德国、法国、瑞士和日本等国家考察科技博物馆，指明建馆方向。新馆建成以来，中国科技馆积极派团出国考察，至今派出人员近400人次，足迹遍及20多个国家和地区。实地调研的场馆有美国探索馆、加拿大安大略科学中心、法国环球科学中心、意大利达·芬奇国家科技馆、德国德意志博物馆、巴西天文及相关科学博物馆、新加坡科学中心、日本科学未来馆、韩国国立科学馆，以及中国的台湾自然科学博物馆、澳门科学馆、香港科学馆等。通过实地考察他馆的展教工作与运营管理，并与国际同仁充分交流，为开阔中国科技馆广大干部职工的视野，提升工作水平提供了良好的学习机会。

（2）赴外培训进行深度学习交流。中国科技馆有计划地组织青年员工和业务骨干赴美国、德国、日本、中国台湾地区等科普场馆参加培训和学习，为人才培养与深度的学术交流搭建平台。2011年和2015年，分别派出展览教育中心业务骨干赴日本科学未来馆培训；2012年组织赴澳大利亚学习澳大利亚国家科学中心“科学马戏团”巡展工作；2013年，组织赴德国进行全国科技馆高层次人才专项培训；2015年，组织赴美国进行全国科技馆高层次人才培训、赴中国台湾自然科学博物馆进行业务培训；2016年、2017年组织

赴美国参加美国太空营夏令营培训；2016 年组织赴德国德意志博物馆进行展厅改造规划培训和实践；2017 年赴美国亚利桑那州立大学参加科学博物馆可持续性研修班。

（3）积极派员参加国际会议。为扩大员工眼界，在国际社会发出中国青年科普工作者的声音，中国科技馆鼓励员工踊跃向国际会议投稿，并选派稿件入选员工组团参会。多年来，参加国际会议 40 余次，投稿百余篇，至今已入选大会报告和海报展示论文数十篇。通过参会，近距离了解业界现状与发展趋势，加强与行业内各场馆的学术交流，展现中国科普从业者的精神风貌和思想理念，使中国科技馆在世界科学中心事业中持续发挥日益增强的作用。

3．举办国际会议，搭建交流平台

（1）1990 年 10 月举办的全国首届科技馆馆长研修班，中国科技馆邀请了英国伦敦科技馆、曼彻斯特科学工业博物馆、卡迪夫科学中心和加拿大安大略科学中心等世界著名科技博物馆的专家学者前来讲学。20 世纪 90 年代后期和 21 世纪初，中国科技馆与印度国家科技馆协会合作，先后在北京和加尔各答两地联合举办 4 届中印联合研讨会，重点研讨科普教具的联合研发及其在两国科技馆的应用。

（2）中国科技馆作为东道主于1998年9月举办了亚太地区科技中心协会成立后的第一次会议，为推动亚太地区科技馆事业的发展做出了突出贡献。此次大会邀请包括时任国际博物馆协会主席萨罗吉·高斯在内的40余名外国专家学者出席，奠定了中国科技馆成为亚太地区科技中心协会（ASPAC）主要创始者的国际地位。其后中国科技馆举办了21世纪科技馆可持续发展国际论坛、科技博物馆展览设计国际研讨会等国际会议，为推进我国博物馆界与国际接轨及友好往来，发挥了积极作用。

图4.17 亚太地区科技中心协会（ASPAC）第一次会议在中国科技馆举行（1998年）

2016 年 5 月，第十六届亚太地区科技中心协会（ASPAC）年会再次回到中国科技馆召开。本次大会以“全民的科学中心”为主题，组织了 2 场主旨报告、4 场特邀报告、12 场平行会议，参会人员分别来自亚太地区以及英国、法国、德国、南非、芬兰、比利时、波兰、阿根廷、希腊、土耳其、科威特等 29 个国家和地区，共 168 名外宾和我国大陆地区的 352 名同行代表参会，成为协会迄今为止代表性最广泛、规模最大、规格最高的一届年会。

图 4.18　ASPAC2016 年会参会代表合影

（3）2017年11月，中国科技馆参与承办首届“一带一路”国家科普场馆发展国际研讨会，来自“一带一路”沿线22个国家、24个科普场馆、9个政府机构及组织的44名代表和国内74家科普场馆代表共话合作愿景，签署了16项合作协议，发布《北京宣言》，取得诸多成果，谱写了国际交流的新篇章。中国科技馆分别与希腊塞萨洛尼基科学中心暨技术博物馆、缅甸教育部和澳大利亚国家科学中心分别签署合作协议，形成了“一带一路”沿线国际科普场馆资源互惠共享的长效机制。

图4.19　协议签署现场

POPULARIZATION RESOURCES

▲▼ 图 4.20 协议签署现场

ING OF AGREEMENTS CONCERNING THE SHARING AND
PROCATION OF SCIENCE POPULARIZATION RESOURCES

六 自身建设

1. 党的建设

中国科技馆党委是中国科协机关直属单位中中共党员人数最多的基层党组织。截至2018年8月底，全馆共有党员311人，其中在职党员224人，离退休党员87人。馆党委成立于1986年，目前的第六届委员会成立于2014年1月，下设2个党总支和7个党支部。历届馆党委高度重视党的建设，坚持围绕中心、服务大局，充分发挥政治核心作用，在推动中国科技馆事业发展中不断加强和改进党的政治建设、思想建设、组织建设、作风建设、纪律建设，把制度建设贯穿其中，不断加强党风廉政建设，团结带领广大党员和干部职工凝心聚力、攻坚克难，为全面推进科技馆事业的发展提供了坚强保障和强大动力。近年来，中国科技馆先后荣获“全国先进基层党组织”“全国文明单位”“全国爱国主义教育先进单位”“首都精神文明单位标兵五连冠”等荣誉称号。

图4.21 2011年被中组部授予“全国先进基层党组织”称号

图 4.22　2005 年组织先进性教育活动处级干部培训班

（1）高度重视政治建设。坚持把政治建设摆在首位，强化政治理论学习教育，确保在思想上、政治上、行动上与以习近平同志为核心的党中央保持高度一致，全面贯彻落实党中央指示精神和中国科协党组书记处工作部署，牢牢把握正确的政治方向。

（2）扎实开展党内集中教育实践。按照中央要求，先后开展“三讲”教育活动、保持共产党员先进性教育活动、深入学习实践科学发展观活动、创先争优活动、党的群众路线教育实践活动、“三严三实”专题教育、“两学一做”学习教育等活动，并使之常态化、制度化，不断提高党组织凝聚力、战斗力。

（3）着力打造党建活动品牌。在多年的党建实践中，不断总结经验，打造出了一系列党建品牌活动。从 2010 年起，连续 8 年坚持在“七一”前后开展“新党员宣誓、老党员重温党的誓词”活动，先后赴锦州、兰考、延安、保定、徐州等地的革命旧址或革命纪念馆组织开展主题党日活动，深受党员同志欢迎。从 2013 年起连续 5 年坚持每月第一个周二举行升国旗升馆旗仪式，持续开展“树党员形象 展支部风采”“党员先锋岗”“老区科普行”“微党课评比”等活动，不断提升党建工作水平。

（4）**不断加强党的组织建设。**坚定不移地把党的领导落实到组织建设中，特别是党的十八大以来，严格执行“三会一课”等组织制度，规范党内政治生活，不断提升基层党组织创造力、凝聚力、战斗力。同时强调通过“七一”期间举行的“两优一先”评选表彰活动等形式，树立典型、表扬先进，发挥好党员的先锋模范作用，激发广大职工干事创业的热情和激情。

图4.23　2011年“七一”表彰大会

图 4.24　中国科技馆组织军转干部开展八一主题党日活动

（5）不断加强文化建设。以党的建设引领文化建设，不断完善理念识别系统、形象识别系统和行为识别系统，规范干部职工的言行。坚持党政工团一盘棋，把群团工作纳入党建工作通盘考虑，支持、指导工会和共青团等群团发挥好桥梁纽带作用，重视民主党派、军转干部和老干部工作，凝聚人心议事谋事。

2. 纪检工作

中国科技馆纪委成立于2001年，目前的第三届委员会成立于2014年1月，2016年9月配备专职纪委书记，现有馆纪委委员6名，纪检委员11名。历届馆纪委高度重视纪检工作，在馆党委和中国科协机关纪委的领导下，围绕全馆中心工作，认真落实党风廉政建设监督责任，持之以恒贯彻落实中央八项规定精神，扎实推进纪委各项工作。

（1）深化理论学习，提高履职能力。始终坚持用理论学习武装头脑，并将理论学习作为加强自身建设、深化思想认识、提升履职能力的一项重要工作举措。通过召开馆纪委学习扩大会，组织纪检干部学习领会中央纪委全会精神，组织选派纪检干部参加中国科协等纪检专题培训班。

（2）扎紧制度笼子，践行“第一种形态”。始终坚持依规履职，制度先行。2013年以来，共制定（修订）并实施《中国科技馆廉政建设规定（试行）》《中共中国科技馆纪律检查委员会工作规则》《中共中国科技馆委员会问责条例实施细则》《中国科技馆党风馆风特邀监督员管理办法》《中共中国科技馆委员会党内监督实施细则（试行）》等规定办法，为切实履行监督执纪专责提供制度依据和保障。

同时，着力运用监督执纪“第一种形态”，抓早抓小，防微杜渐，加大提醒谈话、警示谈话、批评教育等工作力度，努力推动“第一种形态”成为常态。

（3）畅通举报渠道，加强作风建设。始终坚持加强对中央八项规定精神贯彻落实情况的监督检查，利用元旦、春节、“五一”、端午、“十一”、中秋等重要时间节点，节前向全馆职工发送反腐倡廉提醒信息，节日期间通过一楼显示屏播放廉政提醒信息和举报方式，节后抓住重点部门、重点环节等开展自查自纠，坚决防止“四风”反弹回潮。

（4）加强警示教育，严格廉政审查。纪检干部坚持依托中科馆微党建公众号、中科馆纪检工作微信群等平台，通过观看反腐警示教育片、反腐话剧，参观反腐教育基地，借助全员学习日或党支部会议讲党课等形式，打造警示教育品牌活动，让全馆党员干部知敬畏、存戒惧、守底线，切实增强不想腐的自觉性。馆纪委严格全馆党员干部选拔任用、因私出国（境）廉政审查工作程序，建立全馆党员干部个人廉政档案，严把政治关、廉洁关、形象关。

3. 工会工作

长期以来，中国科技馆工会自觉服务科技馆建设发展大局，始终紧密围绕全馆中心工作开展活动，真诚关怀职工，活跃组织文化，发挥工会的组织优势和密切联系群众的工作优势，把全馆职工的智慧和力量汇聚到科技馆事业发展上来，为科技馆事业发展做出了积极贡献。先后荣获“全国三八红旗集体”“全国模范职工小家”等荣誉称号。

（1）结合岗位业务，提高职工技能素养。组织开展“青年岗位技能风采”“职工创新风采大赛”“我爱中科馆视频大赛”“我晒中科馆”等系列活动，以培养职工创新能力、职业素养，展现职工岗位风采，促进业务水平提高。

（2）以文化建设为主线，营造团结奋进的文化氛围。连续多年举办新春团拜会、新春摄影展、妇女节考察参观等活动，开展参观交流、讲座座谈活动，并通过讲座、春秋游、健步走等活动形式，开展丰富多彩的文娱体育活动，展现昂扬的精神风貌。2011 年承办中国科协机关直属单位“唱响红歌跟党走”歌咏比赛，并组建合唱团参赛获得特等奖。多次承办中国科协机关直属单位趣味运动会、拔河比赛等大型文体活动。

（3）关心关爱职工，切实建好职工之家。在确保工会经费使用合法、合规、合理的基础上，做好职工节日和困难慰问工作，连续多年开展“送清凉、送健康”暑期慰问一线干部职工活动。切实为职工办实事，开办木兰扇、健美操、瑜伽等健身班；依托馆内丰富的教育资源，举办职工子女寒暑假托管班，受到广大职工欢迎。

图 4.25　组建 100 人合唱队参加科协建党 90 周年歌咏比赛

图 4.26　2015 年“新春游艺大赛”

图 4.27　2016 年组织新春团拜会

4. 共青团建设

青年职工是中国科技馆的生力军，35 岁以下青年职工长期占在编职工总数的比重多达三分之二。多年来，馆团组织坚持听党话、跟党走，始终把强化思想武装摆在首位，服务青年成长成才、服务事业发展大局，团结带领团员青年积极进取，充分发挥生力军和突击队作用。2010 年、2016 年，以一线部门青年为主体组建的“中国科技馆窗口服务青年先锋队”两次获“全国青年文明号”称号；2017 年，第六团支部获“全国五四红旗团支部”称号，“青春科普行”活动被评为“首都学雷锋志愿服务示范站金牌项目”。

（1）坚持筑牢青年理想信念。注重结合党的生日、党的重要会议、五四青年节等重要节点，开展党史国情、形势政策、党的理论教育，坚定青年理想信念。2012 年开展学习党的十八大精神座谈会、纪念建团 90 周年座谈会；2016 年开展学习习近平总书记在“科技三会”和庆祝建党 95 周年大会上重要讲话座谈会；2017 年开展首届“青春故事会”。

（2）坚持选树优秀青年榜样。注重培养、挖掘、宣传优秀青年典型，引导全馆青年向身边的榜样学习，争创一流业绩。2017 年举办首届“中国科技馆十佳新锐青年”评选活动，充分展现了青年爱岗敬业、勇担重任的精神风貌。

图 4.28　2012 年学习党的十八大精神座谈会

图 4.29　2018 年“学十九大精神 讲中科馆故事”讲述会

（3）坚持搭建青年锻炼成长平台。立足科普“窗口”单位特点和优势，2007 年以来每年组织开展“青春科普行”活动，先后赴西柏坡、吕梁、新疆和田等贫困地区和聋哑学校、打工子弟学校等开展科普志愿服务活动。2017 年在山西临县白文初中挂牌“青春科普行基地校”。馆团委还长期组织青年学习交流活动。

图 4.30　2015 年“青春科普行”走进新疆

（4）坚持活跃青年文化活动。2012 年，为激发团结拼搏精神，中国科技馆开始举办“青年龙舟赛”，后将赛事发展成中国科协机关直属单位的传统赛事，并连续三年承办赛事。组建青年篮球队，2015 年、2016 年和 2018 年连续三届荣获中国科协机关事业单位篮球联赛冠军。举办的多届演讲比赛、趣味运动会、闯关挑战赛等活动深受团员青年欢迎，展示了青年团结协作、奋发有为的精神面貌。

图 4.31　2015 年承办中国科协第一届青年龙舟赛

图 4.32　2018 年蝉联中国科协机关事业单位篮球联赛冠军

第五篇

中国特色现代科技馆体系

1988 ———— 2018

20 世纪 80 年代，我国建成并开放了以中国科技馆为代表的首批科技馆，开启了科技馆建设的先河。2000 年 12 月，中国科协召开首次全国科技馆建设工作会议，发布了科协系统《科学技术馆建设标准》，明确科技馆的主要功能是科普展教，全国科技馆从此步入事业发展的快车道。

随着全国科技馆事业的蓬勃发展，科普公共服务不平衡、不充分与公众科普需求日益增长之间的矛盾日益显现。为践行党的十八大提出的“促进基本公共服务均等化”等新要求，2012 年底，中国科协从中国幅员辽阔、区域经济社会发展不平衡、公共科普设施与资源供应严重不足且分布不均衡的客观状况，以及公众对于提升自身科学素质的迫切需求出发，在整合以往工作基础上，提出建设中国特色现代科技馆体系，该体系建设的具体内容为：在有条件的地方兴建实体科技馆；尚不具备条件的地方，在县域主要组织开展

图 5.1　中国科学技术馆新馆

流动科技馆巡展，在乡镇及边远地区开展科普大篷车活动、配置农村中学科技馆；开发基于互联网的数字科技馆网站。其中，实体科技馆是龙头和依托，通过增强和整合科普资源开发、集散、服务能力，统筹流动科技馆、科普大篷车、农村中学科技馆、数字科技馆的建设与发展，并通过提供资源和技术服务，辐射带动其他基层公共科普服务设施和社会机构科普工作的开展，使公共科普服务覆盖全国各地区、各阶层人群。

一 实体科技场馆

实体科技馆是中国特色现代科技馆体系的龙头和依托，全国范围内建成的实体科技馆总数，已由2000年的11座增加到2017年的192座，我国已成为21世纪全世界科技馆数量增长最快的国家。2015年5月起，中国科协系统所属科技馆开展免费开放试点工作，观众数量不断增长，2015年纳入试点单位的科技馆92家，年服务公众2658万人次；2016年增至123家，年服务公众3722万人次；2017年，全国纳入免费开放试点单位的科技馆已增至138家。科技馆免费开放后，极大地改善了我国中西部地区和中小型科技馆经费困难的状况，促进了欠发达地区的公共科普服务公平普惠。

全国达标科技馆建设数量和发展规模（2000~2017 年）

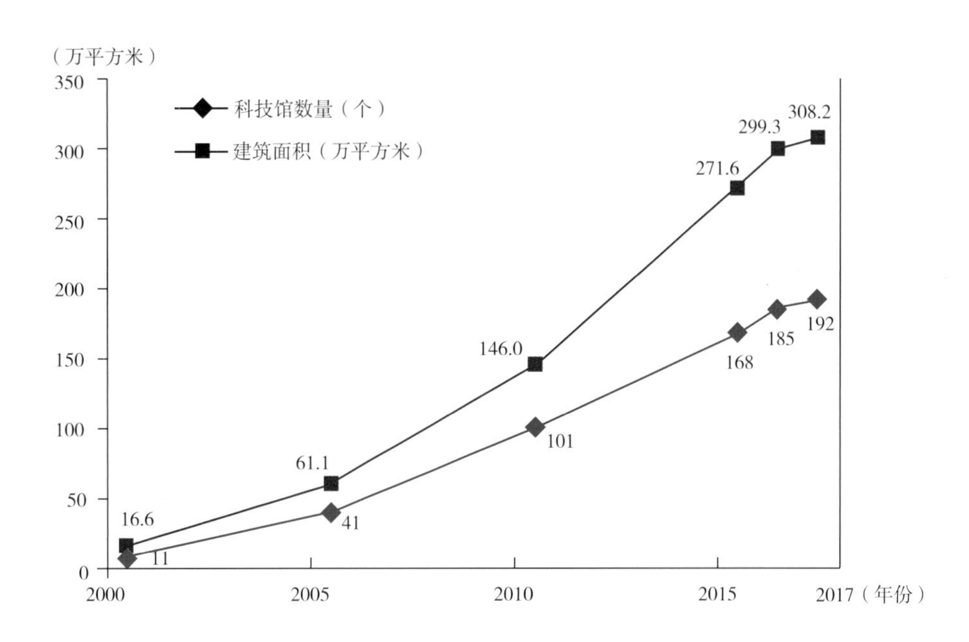

表 5.1　全国科技馆服务观众量

（2010、2015、2016、2017 年）

单位：万人次

年份	服务观众量	馆均服务观众量
2010	2100.0	20.8
2015	4623.3	27.5
2016	5483.2	29.6
2017	5698.2	29.7

各地科技馆在发展常设展览的同时，进一步加大了短期展览、巡回展览的开发和引进力度，并结合展览展品，全面开展教育活动。其中展览以主题展开式、故事线、知识链、学科分类式等多种形式并存，新能源、航空航天、信息技术、生物工程等前沿科技展示内容和VR、AR等新技术的展示方式不断涌现，展品的互动性、启发性、创新性、特色化不断增强。与此同时，各地科技馆逐步开始注重结合展览展品开展主题化、系列化的教育活动，面向公众推出科学表演、夏令营等一大批精品活动，教育活动数量、种类显著增加，水平和质量也有了明显提升。

2017年，全国实体科技馆服务公众总数5698.2万人次，比2010年增长1.7倍；馆均服务观众29.7万人次，是2010年的1.4倍；2017年全国科技馆常设展览总面积为121.4万平方米，比2010年增长94.6%；举办短期展览835次，服务公众2455.1万人次，比2010年增长了近4倍；开展科普培训（活动）和科普报告（讲座）类型的教育活动71850场（次），服务公众563.1万人次，比2010年增长了2.2倍。其中，2017年中国科技馆、上海科技馆服务观众总数超过300万人次，另有9座科技馆服务观众总数超过100万人次。

表 5.2 全国科技馆展览基本情况
（2010、2015、2016、2017 年）

展览类型		2010 年	2015 年	2016 年	2017 年
常设展览	常设展览总面积（万平方米）	62.4	107.1	117.4	121.4
	展品总数量（件）	38817	60355	64718	66049
短期展览	举办次数（次）	--	704	761	835
	接待观众量（万人次）	491.3	1437.4	2190.4	2455.1

表 5.3 全国科技馆教育活动开展情况
（2010、2015、2016、2017 年）

单位：场（次），万人次

年份	教育活动			服务公众人数
	总次数	科普活动 / 培训举办次数	科普报告 / 讲座次数	
2010	—	—	—	174.6
2015	38454	36475	1979	299.4
2016	66743	64512	2231	470.0
2017	71850	69422	2428	563.1

二　流动科普设施

1. 流动科技馆

为深入贯彻落实科学发展观，全面落实《全民科学素质行动计划纲要（2006–2010–2020）》和《关于进一步加强和改进未成年人校外活动场所建设和管理工作的意见》（中办发［2006］4号），解决科技馆发展不平衡，科普资源分布不均衡等问题，加大科普资源开发与共享工作力度。2010年6月，中国科协在借鉴山东省“流动科技馆县县通工程”经验的基础上，启动了“中国流动科技馆项目”，由中国科技馆负责项目实施。

图5.2　流动科技馆全国巡展启动仪式现场（山东省沂水县）

流动科技馆是以小型化、可移动的互动展品为主要内容的科普展览项目，包含 60 余件展品及 1 个移动式球幕影院，旨在依托各省级科技馆，在全国尚未建设科技馆的县级行政区域开展科普巡展服务。经过一年的努力，2011 年，中国科技馆完成了 9 套流动科技馆展览的内容研发和制作。9 月 2 日，“中国流动科技馆”项目在山东省沂水县启动，时任中国科协党组书记、常务副主席、书记处第一书记陈希同志出席主会场启动仪式。流动科技馆所到之处，受到当地公众特别是青少年的热烈欢迎。

2012 年，中国流动科技馆项目正式立项，获财政支持 1000 万元；2013

图 5.3　安徽省霍山县流动科技馆巡展

年继续得到国家财政投入 1 亿元，项目覆盖范围从 9 个省扩展到 23 个省、自治区、直辖市，在广泛服务于全国尚未建设科技馆地区公众的同时，向着“广覆盖、系列化、可持续”的目标不断迈进。

2014 年，中国科协与财政部联合印发《中国流动科技馆实施方案》，大大促进了各省在财政资金上对项目的支持力度，同时也为中国流动科技馆项目的可持续发展起到积极推动作用，项目覆盖范围进一步扩大到 27 个省、自治区、直辖市。

2015 年，流动科技馆项目在建设过程中对展品研发、展品制作、过程监理等工作都进行了积极地探索和改革，首次实现按图加工，形成展品价格组成体系；首次实现过程监理，提高标准化制作水平；首次形成量化打分体系，严格按图验收；首次开展创新展品研发工作，鼓励企业创新，面向社会公开征集流动科技馆展品研制方案。这些创新的思维、方式、举措和机制，有效地推动了流动科技馆项目工作水平整体提升，取得重要突破。

2016 年，流动科技馆加大创新展品研发力度，全面更新大型组合类展项——“小球旅行记”；开发出一套全新的展览内容及优质的展览资源，实现了流动科技馆展览服务功能的优化升级；完成局域网系统研发，为观众提供手机 App 导览、语音解说等网络智能服务，通过网络实现局域网资源跨区共享，扩大了服务范围，为公众提供不受时间和空间限制的交互式科普服务。

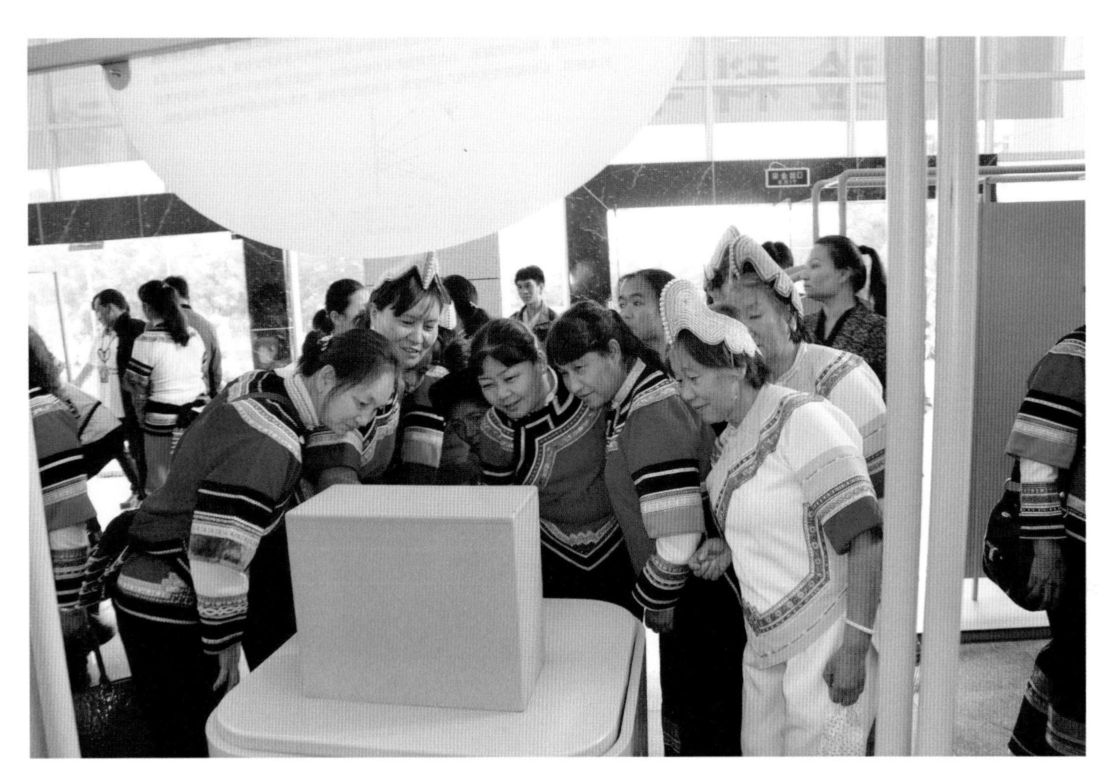

图 5.4　云南省少数民族群众参观展览

图 5.5　福建省永安市流动科技馆巡展

图 5.6 甘肃省临夏市流动科技馆巡展

图 5.7 中国流动科技馆第二轮全国巡展启动仪式主场

至2017年底，流动科技馆共制作、配发展览364套，巡展2339站，服务基层公众8751万人次，圆满完成“四年基本覆盖县（市）”预期目标。2017年9月，第二轮全国巡展正式启动。流动科技馆以投入小、效益大的科普传播模式得到社会各界的认可，极大地丰富了中西部地区科普展教资源，提高了科普资源的利用率。

表5.4 中国流动科技馆巡展情况统计表
（2011~2017年）

年份	开发套数（套）		运行套数（套）	巡展站点数（站）	观众人数（万人）
	中西部	东部			
2011	9	0	9	24	102
2012	4	0	13	46	164
2013	48	16	77	185	808
2014	53	16	146	374	1538
2015	56	18	220	551	2124
2016	60	15	282	567	2021
2017	58	11	274	592	1994

为助力“一带一路”倡议，推动科普资源互惠共享，2018年6月上旬，中国流动科技馆走出国门，赴缅甸成功开展首站国际巡展工作。6月14日，“‘体验科学·启迪创新’展览——中国流动科技馆缅甸国际巡展”开幕式当天，缅甸政府执政党主席、教育部部长以及有关政府部门的100余名主要领导和缅甸首都内比都所有学校的64名校长都参加了开幕仪式并参观了展览。此次缅甸国际巡展得到了缅甸政府和公众的一致认可，以及国际国内媒体的广泛关注。该项目的实施，进一步带动了中缅两国之间的科技文化交流向纵深发展，为国际科普资源交流做出了积极探索。

图 5.8　缅甸内比都第六中学的同学们正在体验中国流动科技馆展品

2. 科普大篷车

我国地域广袤，地区之间、城乡之间经济和社会发展水平差异较大，边远地区和贫困地区科普基础设施建设相对落后。2000 年，中国科协根据我国基层科普工作的需要，针对基层科普基础设施短缺的问题，借鉴国外开展科技传播的先进经验，提出了研制多功能科普宣传车的建议，并在国家财政的支持下，于当年正式启动科普大篷车项目，开始研制和配发科普大篷车。

图 5.9 科普大篷车展品

科普大篷车主要面向实体科技馆和流动科技馆未能覆盖的乡镇，为农村地区的公众提供科学教育服务，通过对运输车进行特殊改装，使之能够运载小型化、模块化的车载资源，还可以装载展品、资料、展板等科普资源。卸载展开后，科普大篷车具备小型科技馆所具备的多项功能，能够使不便到大城市科技馆参观的基层公众，特别是青少年，直接体验科学技术知识带来的快乐和科技馆展品的魅力。

图 5.10　科普大篷车发车仪式

2000年至今，我国共成功研制Ⅰ型、Ⅱ型、Ⅲ型、Ⅳ型四种科普大篷车。

2012年“科普大篷车”项目正式移交中国科技馆实施。中国科技馆把工作重点放在如何提高科普资源的开发质量上，通过对25件展品的展示方案进行重新设计，严格把控展品制作质量，使Ⅱ型车的展品质量得到较大提升；通过创新科普资源形式，研发六组（24件）箱式壁挂展品，使科普大篷车的

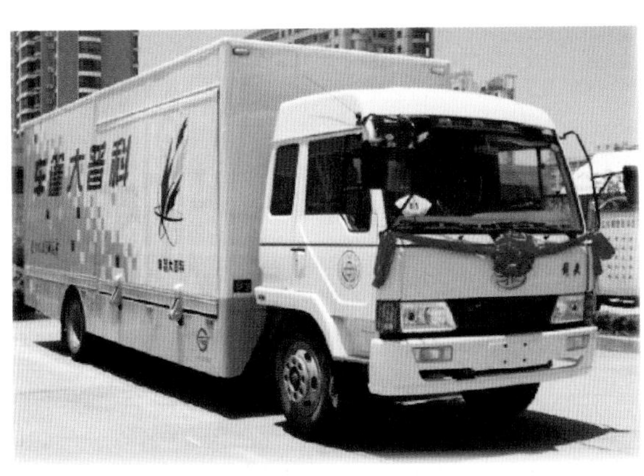

图5.11　Ⅰ、Ⅱ、Ⅲ、Ⅳ型科普大篷车

科普资源水平和质量得到较大提升，受到基层科普工作者的好评。中国科技馆根据新形势发展的需要，先后完成了《科技馆体系下科普大篷车发展对策研究》课题和《科普大篷车创新升级研究》课题，为未来科普大篷车的发展提供了理论指导。为提高科普大篷车项目的运行管理效率，中国科技馆进一步加大科普大篷车信息化建设，建成全国流动科普设施科普服务平台，及北斗动态管理系统，使科普大篷车项目的各个管理环节全面实现了信息化。

图 5.12 全国流动科普设施服务平台（科普大篷车）

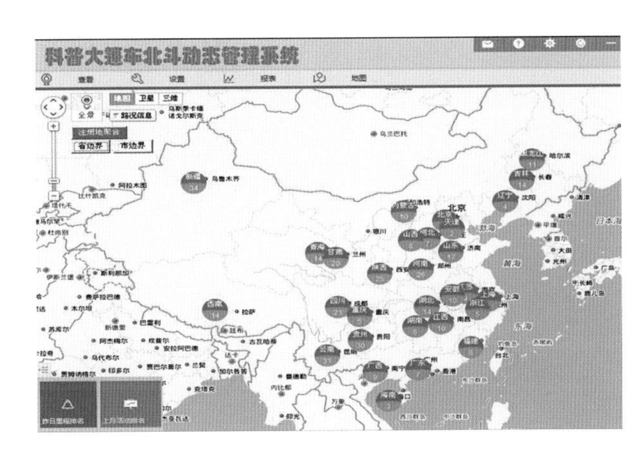

图 5.13　科普大篷车北斗动态管理系统

为有效调动地方科协及相关部门利用大篷车开展科普工作的积极性，中国科技馆开始实施特别配发制度。2015 年起，每年为工作开展较好的省份特别配发科普展品和科普资源包，至 2017 年底，先后特别配发科普资源 137 套，受到省级管理单位和基层单位的欢迎。

进一步发挥大篷车车辆与展品的科普展教功能，中国科技馆全面优化科普大篷车车辆改装及展品内容，加大对经典展品小型化的研制力度，开发出更适合户外及流动特点的车载展品系列，并根据基层需求和展品展示效果，逐年予以更新，受到基层欢迎。与此同时，中国科技馆继续推动车辆改装标准化工作，2016、2017 年先后完成《Ⅳ型大篷车改装标准》和《Ⅱ型大篷车改装标准》的研究工作。目前，科普大篷车已形成以基础科学、高新技术、健康生活为主要内容的系列展品资源，力图满足乡镇农村不同人群的需要。

图 5.14　科普大篷车科普活动现场

2012 年以来，中国科技馆在积极探索分区全覆盖大篷车的配发模式的同时，进一步落实国家援疆、援藏政策，全面加大对老少边穷地区的扶持力度，在新疆维吾尔自治区、西藏自治区、内蒙古自治区、陕西延安等地区依次实现了科普大篷车县市全覆盖。同时，为落实国家对精准扶贫工作的要求，近年来中国科技馆更加大了对国家级贫困县的配发数量和支持力度，目前国家级贫困县科普大篷车拥有量已达 365 辆，覆盖了国家级贫困县总数的 56%。

至2017年底，科普大篷车已累计面向全国配发1445辆，其中中西部地区配发科普大篷车的数量约占全国总量的88%。行驶里程近3423.76万公里，开展活动近19.6万次，服务基层公众总数约2.15亿人次。科普大篷车机动灵活的特点，很好满足了基层公众的科普需求，被基层科普工作者亲切地称为“科普轻骑兵”，有力地推动了基层科普工作，尤其是农村科普工作的开展。

表5.5　科普大篷车服务基层情况统计表
（2000~2017年）

年份	配发数量（辆）	开展活动次数（万次）	行驶里程（万公里）	观众人数（万人次）
2000~2011	497	8.36	1670	10900
2012	110	1.34	200	1500
2013	126	1.64	235	1849
2014	132	1.65	292.5	1864
2015	205	1.92	374	1801
2016	275	2.10	326.98	1681.23
2017	100	2.59	325.28	1864.54
合计	1445	19.60	3423.76	21459.78

3. 农村中学科技馆

为加强科普基础设施建设，推进科普资源共建共享，促进公民科学素质提升，2012年，在中国科协和教育部的大力支持下，中国科技馆发展基金会从正大环球和新时代证券两个企业共募集资金2000万元，创建并开始组织实施农村中学科技馆公益项目，专注于提升西部特别是经济欠发达地区农村青少年科学素质。通过实施农村中学科技馆公益项目，努力达到“一提升、两促进”，即提升农村青少年科学素质，促进科普资源均衡化，促进科技馆展品产业化的发展目标。

图5.15　农村中学科技馆启动仪式现场

图5.16　全国政协领导莅临中国科技馆发展基金会，参观农村中学科技馆样板间

▲▼ 图 5.17 农村中学科技馆公益项目主题展览

图 5.18　慈利县一鸣中学农村中学科技馆

农村中学科技馆是利用农村中学现有场地，结合农村青少年学生对科学技术的兴趣和爱好建设的小型科技馆，旨在利用科普展品、数字科技馆和多媒体等设备进一步促进教育资源均衡化发展，为中西部地区农村青少年体验科技成果、享受科技乐趣提供更好的途径与平台。

首批农村中学科技馆涵盖 18 件科普展品，重点包括最速降线、旋转的银蛋、雅各布天梯、窥视无穷、人力发电、听话的小球等经典科普展品，和 1000 册科普图书，电脑、投影仪等多媒体设备，以及错觉画等其他配套设施。

农村中学科技馆的快速发展得益于社会各界通力支持合作，基金会、科协组织和教育部门分别发挥重要作用。企业为项目提供资金支持；基金会负责建设、培训和效果评估；地方科协负责指导监督、协调落实；省级科技馆负责协助展品日常维护；所在学校负责具体运行、管理，组织学生开展科普活动。农村中学科技馆项目进一步打通了教育、科技管理部门间的边界，进一步密切了科教间合作，并在经济欠发达农村地区的青少年学生及其周边居民身边留下了直观、使用的微型科技馆。

至 2017 年底，全国已累计建设农村中学科技馆 539 所，直接服务青少年超过 206 万人次；在所有已建成的中学科技馆中，属于贫困地区的有 384 所，占建设总数的 71.24%。

表 5.6　农村中学科技馆建设、服务情况统计表
（2012~2017 年）

单位：所，万人

年份	建成数量	观众人数
2012	13	100
2013	38	
2014	49	
2015	75	
2016	123	37
2017	241	69
合　计	539	206

三　数字科技馆

2005年12月，中国科协联合中科院、教育部启动中国数字科技馆项目建设，旨在通过集成数字化科普资源，建立多学科、多媒体、综合性的科普资源共享服务平台。2009年9月28日，中国数字科技馆项目通过验收；2010年1月，由中国科技馆全面承担其运行和管理；2011年11月9日，科技部、财政部联合下发《关于国家生态系统观测研究网络等23个国家科技基础条件平台通过认定的通知》，中国数字科技馆通过国家科技基础条件平台认定，成为国家认定挂牌的23个国家科技基础条件平台中唯一的科普平台。

图5.19　中国数字科技馆LOGO

图 5.20　中国数字科技馆网站首页

中国数字科技馆秉持“大联合、大协作”的工作原则和互联网时代开放、合作、共赢的精神，积极发挥和利用社会力量建设数字化、网络化的优质科普资源，为广大公众、科普机构和科普工作者提供在线浏览、互动体验、资源征集、资源下载和资源建设指导等服务。

中国数字科技馆引领和带动近 140 余家单位参与共建，包括知名高校、科研院所、国内外科技期刊、媒体、门户网站以及地方科协和科技馆等科普机构；55 家单位利用中国数字科技馆提供的建站工具和网络服务，以二级站点的形式搭建了自己的网络平台，集中展示地方特色科普资源；40 余家科普期刊入驻，定期提供天文、生物、健康、航空航天等诸多领域的科普内容。

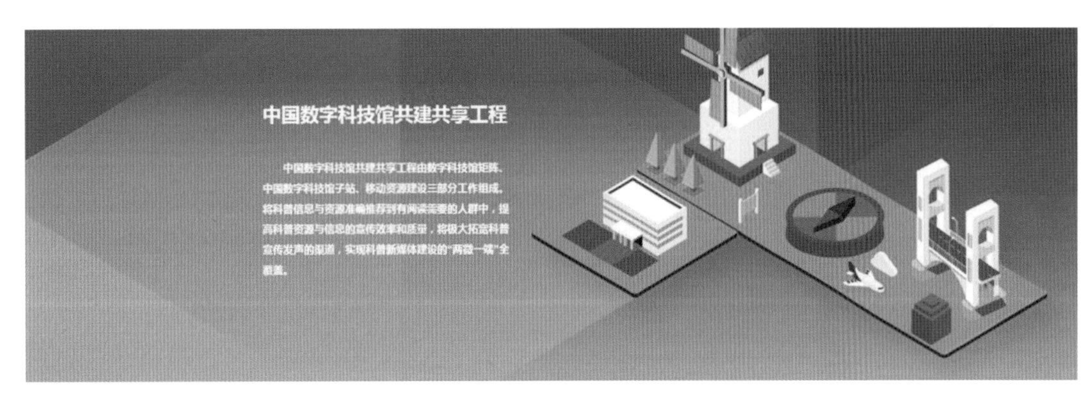

图 5.21　中国数字科技馆共建共享工程

通过近年来的不断发展，中国数字科技馆集成和建设了大量优质数字化科普资源，基本形成了以主题式数字博览馆、科普文章、图片（包括照片、挂图、漫画等）、音频、视频、在线游戏、3D动画和模型、VR科普微场景、AR展品，以及网络直播等多种形式相辅相成的科普资源体系，为推动全国科普资源共建共享做出了积极贡献。

除开设网站和开通移动端的微博、微信、今日头条等，中国数字科技馆还充分利用百度、腾讯、光明网、喜马拉雅FM等大型互联网平台输出优质科普内容，并开展多种线上线下相结合的科普活动，全面扩大科普服务受众范围。

图5.22 “榕哥烙科”品牌栏目

图5.23 “科学开开门”品牌栏目

图 5.24　中国数字科技馆官方微信、微博

图 5.25　“宝贝报天气”品牌栏目

图 5.26　“青稞沙龙”品牌栏目

至2017年底，中国数字科技馆网站注册用户逾119万人，官方资源总量10.4TB，网站日均PV达305万，ALEXA中国排名最高达到76名，全年稳定在100名左右；中国数字科技馆官方微博和微信公众号用户分别达到660万和67万。中国数字科技馆百度百科视频播放量为583.8万次，百度知道日报文章阅读量达1498万，被评为“百度知道日报2016年度最具影响力机构”。原创科普音频栏目《科学开开门》在喜马拉雅FM的播放量达534.3万次，稳列儿童科普类节目的前十名；原创科普脱口秀栏目《榕哥烙科》在今日头条平台2017年全年的播放量已超过70万次。

四　引领示范交流

为进一步推动现代科技馆体系建设，促进科技馆事业发展，发挥科技馆在公共科普服务均等化、普惠化方面的独特作用，实现从数量规模增长向质量效益型发展方式的转变，中国科技馆始终坚持问题导向，围绕现代科技馆体系建设，开展包括“中国特色现代科技馆体系”的概念设计、框架设计和发展规划；中国科协“十二五”发展规划前期研究“科普场馆发展研究”课题和子课题；中国科协科普发展对策研究“科技馆创新展览设计思路及发展对策研究”课题，以及“全国科技馆现状与发展趋势研究”课题等在内的多项研究，进一步发现问题和差距，全面、系统地为现代科技馆体系发展提供思路和对策。

图 5.27　全国科普服务标准化技术委员会全体会议

图 5.28　中国自然科学博物馆协会年会开幕式

与此同时，中国科技馆始终坚持开展现代科技馆体系标准化研究工作，并于 2017 年推动成立了全国科普服务标准化技术委员会，使其成为科普行业第一个标准化技术委员会，为未来科普行业标准化工作提供了重要阵地与平台，为未来科普行业相关标准的制订、贯彻和实施奠定了基础。

图 5.29　2015 年召开全国科技馆工作会

中国科技馆充分依托中国自然科学博物馆协会平台优势，通过举办中国自然科学博物馆协会年会等行业内颇具影响力的大型学术活动，创办《自然科学博物馆研究》、编纂《中国科普场馆年鉴》，不断推进业界交流合作、促进学术成果转化，引领行业发展，发出中国声音。

中国科技馆通过组织召开全国科技馆工作会，着力升级融合，服务创新驱动发展，努力推进中国特色现代科技馆体系创新升级。依托中国自然科学博物馆协会科技馆专委会，中国科技馆已举办五届全国科技馆辅导员大赛和全国科技馆发展论坛，开展了三届“参观科技展览有奖征文暨科技夏令营”活动，定期举办馆长培训班、中层干部培训班、展教辅导员培训、专题培训等多层级培训，有力地推动了科技馆从业人员业务素质的提升，以及馆际之间的交流与合作。自 2017 年起，中国科技馆积极推动科技馆专业委员会设立

图 5.30 第五届全国科技馆辅导员大赛科学表演一等奖作品“Bone Bone Bone”

图 5.31 全国科技馆联合行动

专题研究项目，从实际任务出发，以研促学，进一步搭建合作研究平台，实现资源共享和互换，引领全国科技馆健康发展。2018 年组织首届全国科技馆展览展品大赛，并开展全国科技馆联合行动，促进各馆互动交流。

与此同时，中国科技馆还针对全国科普场馆特效影院在科学普及中的独特作用，支持并推动中国自然科学博物馆协会科普场馆特效影院专委会举办会员大会、特效电影发展论坛、放映技术培训班等形式多样的活动，通过组织影片联合采购、建立网站、创办会刊、成立专项工作组等行之有效的举措，积极创新探索，努力为特效影院领域工作者搭建交流与合作平台、传递信息，为推动我国科普场馆特效影院的可持续发展做出了积极努力。中国科技馆发展基金会设立科技馆发展奖，鼓励和表彰为科技馆事业做出突出贡献的优秀科技馆工作者、志愿者、青少年学生、企事业单位等。

图 5.32　科普场馆特效影院专业委员会放映技术培训班

图 5.33 科普场馆特效影院专业委员会放映技术培训班

图 5.34 第五届全国科技馆辅导员大赛

图 5.35 “参观科技展览有奖征文暨科技夏令营”活动

1988

结语

三十年的时光，弹指一挥间；三十年的奋斗，历久愈弥新；三十年的历程，波澜壮阔。三十载光阴，承载着中国科技馆“体验科学、启迪创新，服务大众、促进和谐”厚重的历史积淀，见证了中国科技馆事业从无到有，从小到大的奋斗历程，凸显了中国科技馆人奋发图强、勇于创新、追求卓越、无私奉献的精神。

三十年来，中国科技馆在党和国家领导人的关心下，在中国科协党组书记处的指导和支持下，在社会各界的帮助下，沐浴着改革开放的春风，乘势而上，开拓进取，发展成为全国科技馆事业的领头雁。三十而立，中国科技馆人始终不忘初心，奋发有为，用一万多个日日夜夜的顽强拼搏和无私奉献成就了亿万观众对中国科技馆的厚爱和赞誉，这是我们事业的最高荣耀和自豪。

浩渺行无极，扬帆但信风。昨日辉煌已铸就丰碑，明日发展仍任重道远。步入新时代，中国科技馆事业处于方兴未艾的发展黄金期，在我们眼前，是中国科技馆引领带动全国科技馆事业蒸蒸日上的一片荣景；在我们肩上，是建设世界领先科技馆的宏伟目标。中国科技馆要牢牢抓住历史发展机遇，担负起引领带动新时代我国科技馆事业持续发展的重担，努力实现几代科技馆人建设世界领先科技馆的共同梦想。莫为浮云遮望眼，风物长宜放眼量。展望未来，中国科技馆将继续秉持“体验科学、启迪创新”的理念，服务于社会，服务于公众，服务于创新驱动发展，服务于提升全民科学素质，为新时代中国科技馆事业书写新的辉煌篇章，为建成世界科技强国厚植文化土壤，为实现中华民族伟大复兴中国梦贡献智慧和力量。

中国科协党组成员、中国科技馆馆长　殷　皓

2018

附 录

附录1

中国科学技术馆大事记

（1978年11月~2018年8月）

1978年

11月5日，中国科协向国务院提出在北京兴建中国科学技术馆的请示。

11月17日，中共中央副主席邓小平、国务院副总理方毅批复同意建设中国科技馆。

12月29日，中国科协向国家计委呈报《中国科学技术馆计划任务书》。

1979年

2月21日，国家计委批准筹建中国科技馆。

3月1日，中国科技馆筹建委员会成立。主任：茅以升；副主任：裴丽生、王顺桐(后增补聂春荣、沈元、张博3人)；委员：钱学森、沈鸿、白向银、张维、许杰、沈勃、马大猷、汪德昭、罗沛霖、张开济、蔡邦华、柯俊等15人(后增补聂春荣、黎先耀、沈元、张镈等4人)。

6月13日，中国科协派出以茅以升为团长的科技馆考察团赴美国、瑞士、日本访问参观，历时 35 天，共考察了 3 个国家的 28 个科技博物馆。

12 月 30 日，中国科技馆筹建委员会办公室成立。

1980 年

7 月 8 日，北京市城市规划管理局划定中国科技馆建设用地范围。

9 月 13 日，中国科协召开中国科技馆建筑设计方案审批会，选定北京市建筑设计院设计的第 15 号方案。

10 月 29 日，北京市城市规划管理局基本同意中国科技馆建筑设计方案。

10 月 31 日，中国科协向北京市人民政府申请征用中国科技馆建设用地。

1981 年

1 月　成立中国科技馆建设领导小组。贾皞任组长，江枫任副组长，连仲堂、曹芸、吴先萃为成员。

4 月 6 日，中国科技馆筹建委员会和加拿大安大略科学中心签订交换展览合同。

10 月 20 日，中国科技馆举办“中国古代传统技术展览”预展会。

1982 年

1 月 18 日，国家计委安排中国科技馆一期工程 16000 平方米的建设任务。

5 月 1 日，中国科技馆“中国古代传统技术展览”赴加拿大安大略科学中心展出。

8 月 15 日，中国科技馆筹办的中国儿童少年活动中心科技厅开放。

1983 年

5 月 6 日，中国科协主持召开中国科技馆初步设计预审会。

6 月 1 日，中国科技馆“中国古代传统技术展览”在美国芝加哥科学与工业博物馆展出。

7月30日，国家计委批复同意中国科技馆初步设计和第一期工程概算。

9月15日，“中国古代传统技术展览”的交换展览“安大略科学中心展览”在北京展览馆开幕。

12月17日，北京市人民政府批复同意中国科技馆征用建设用地。

1984年

1月1日、8月1日，“中国科学技术馆巡回展览”先后在内蒙古自治区呼和浩特市、青海省西宁市展出。

3月1日，“中国古代传统技术展览”在美国西雅图太平洋科学中心展出。

10月21日，由中国科协、国防科工委、电子工业部、邮电部、兵器工业部、清华大学等共同发起，中国科技馆主办的“新的技术革命——信息技术展览”在北京科学会堂展出。

11月1日，国家计委批文同意中国科技馆列入1984年开工项目。

11月11日，“中国古代传统技术展览”在美国亚特兰大罕依博物馆展出。

11月21日，中国科技馆一期工程举行开工奠基典礼。邓小平、聂荣臻、薄一波、方毅等为中国科技馆奠基题词，姚依林为奠基剪彩，奠基仪式由中国科协主席周培源主持。

1985年

1月1日、4月15日和10月15日，“中国科学技术馆巡回展览”先后在广西壮族自治区南宁市、湖南省长沙市和新疆维吾尔自治区乌鲁木齐市展出。

6月1日，“中国古代传统技术展览”在美国波士顿科学博物馆展出。

1986年

5月，中国科协召开中国科技馆筹委会扩大会议，审议并通过《中国科学技术馆一期工程展览内容初步设计》。

6月，中国科技馆举行党员大会，选举产生第一届党委。

6 月 15 日，“中国古代传统技术展览”在美国达拉斯市科学技术博物馆展出。

9 月 12 日，中国科技馆参加在法国巴黎举办的“现代科学技术展览会”。

1987 年

1 月 16 日，中国科技馆“科技馆之窗展览”在北京市密云县展出。

7 月，中国科协邀请有关专家在中国科技馆召开中国科技馆一期工程展览内容设计座谈会。

9 月，中国科技馆创办的《科技馆》杂志（季刊）试刊号（总第一期）出版。

10 月 6 日，“中国古代传统技术展览”在香港中国文物展览馆展出。

11 月 1 日，“科技馆之窗展览”在上海市展出。

1988 年

9 月 14 日，由世界 74 个国家、20 个组织组成的“国际科学联合理事会”的 150 名科学家应邀参观即将建成开放的中国科技馆一期工程。

9 月 22 日，中国科技馆举行一期工程建成和开馆典礼。

1989 年

5 月 17 日，中国科技馆穹幕电影厅开工建设。

1990 年

9 月 27 日，中国科技馆筹办的“青春期教育展览”展出。

10 月 21 日，中国科技馆举办“全国科技馆馆长研修班”。

1991 年

1 月 5 日，“茅以升科技教育基金管理委员会”在北京人民大会堂成立，该委员会常设机构设在中国科技馆。

10月15日，由中国科协科普部和中国科技馆联合主办的“中国科协系统科技馆理论研讨会”在湖北省武汉市召开。

11月28日，中国科技馆举行党员大会，选举产生第二届党委。

1992年

1月，中国科技馆加入国际博物馆协会。

4月28日，中国科技馆被北京市政府命名为“青少年教育基地”。

9月，中国科技馆常务副馆长张泰昌当选为国际博协科技馆委员会执委。

1993年

8月6日，中国科技馆馆长刘东生获首届“中华绿色科技奖”特别奖。

9月17日~10月3日，中国科技馆常务副馆长张泰昌等2人参加国际博协第16届大会。张泰昌再次当选为国际博协科技馆委员会执委。

1994年

2月1日，“中国科技馆发展基金委员会”在中国科技馆举行成立大会。

3月4日，中国科技馆“知识的摇篮——中国古代的发明与发现展览”在瑞士卢塞恩交通博物馆展出。

4月8日，中国科技馆穹幕电影厅落成。

6月3日，北京市第一个“大学生志愿者活动基地”在中国科技馆成立。

11月12日，首届“科学家与青少年见面活动”在中国科技馆举行。中国科学院院士、中国工程院院士朱光亚，中国科学院院士卢嘉锡、汪德昭、裘维藩、唐敖庆、陈能宽、杨乐，以及冯长根教授等8位著名科学家会见45名北京市市级三好学生和获奖学生代表。

1995年

2月，“知识的摇篮——中国古代的发明与发现展览”在英国伯明翰博物暨艺术馆展出。

3 月，许嘉璐、高镇宁等 45 名第八届全国人大代表和 27 名第八届全国政协委员，提出建设中国科学技术馆二期议案和提案。

5 月 16 日，“中国科技馆发展基金会”在中国科技馆举行首届“启明奖”“创业奖”颁奖仪式和接受第二批社会捐赠仪式。

7 月 6 日，由中国科技馆主办的“爱国主义国防科普模型展览”开幕。

8 月 25 日，中国科技馆穹幕电影厅对社会开放。

11 月 17 日，中国科技馆“中国：知识的摇篮——7000 年的发明与发现展览”在德国柏林市的贝赫斯坦厅展出。

1996 年

3 月，“两会”期间，卢嘉锡等 114 名第八届全国人大代表提出了“把中国科技馆列为国家重点工程项目，落实投资，确保在‘九五’期间建成”的议案；张开逊等 109 名第八届全国政协委员提出了“殷切期待党中央、国务院在‘九五’期间建成中国科技馆”的提案；陈难先等 68 名第八届全国政协委员提出了“中国科技馆应列为‘九五’国家重点工程”的提案。

6 月 13~17 日，第一届世界科学中心大会在芬兰科学中心举行。中国科技馆馆长李象益代表中国出任第一届大会组织委员会委员，并在会上当选第二届大会组织委员会委员。

7 月 12 日，中国科技馆举行党员大会，选举产生第三届党委。

10 月 14 日，中国科技馆“中国：知识的摇篮——7000 年的发明与发现展览”在比利时布鲁塞尔市佛来芒社区事务部大楼展出。

11 月，国家计委批准《关于中国科技馆常设展厅及其配套设施工程项目申请立项的请求》。

1997 年

2 月 6 日，中国科技馆《中国：知识的摇篮——7000 年的发明与发现》

展览在英国曼彻斯特科学工业博物馆展出。

4月1日，美国加利福尼亚州美中人民友好协会萨克拉门托分会将美国友人麦克斯·莎夫拉什夫妇捐赠的一块巨杉标本转赠中国科技馆，标本直径3.81米，树龄2550年。

7月30日，中国科技馆主办的“克隆科普展览”在中国科技馆开幕。

9月，中国科技馆馆长李象益在阿根廷布宜诺斯艾利斯当选国际博协科技馆专委会执委。

10月28日，中国科技馆筹办的“珍惜家园，保护环境展览”开幕。

1998年

1月18日，著名美籍华裔科学家、诺贝尔物理学奖获得者李政道参观中国科技馆。

2月24日，中国科技馆二期工程开工。

6月12日，国际博物馆协会主席高斯参观中国科技馆，并座谈。

9月3~5日，“北京国际科技中心/科技博物馆学术研讨会暨亚太地区科技中心网络第一次会议”在中国科技馆举行。

9月30日，由北京市电信管理局和中国科技馆合作筹办的“电信技术厅”在中国科技馆开幕。

10月，中国科技馆馆长李象益在澳大利亚墨尔本国际博协第18届大会上当选科技馆专委会副主席。

10月15日，中国科技馆二期工程结构封顶。

1999年

2月22日，李岚清同志在中国科协领导陪同下视察中国科技馆。

8月，由中国科技馆编写的《科技馆里的奥秘》画册第一、二册由农村读物出版社出版发行。

9月，由中国科技馆编写的《世界科技发明图鉴》大型画册由中国电影出版社和中国少年儿童出版社出版发行。

9 月 17 日，中国科技馆二期工程举行落成典礼。

2000 年

4 月 12 日，江泽民同志为中国科技馆题词“弘扬科学精神，普及科学知识、传播科学思想和科学方法”。

4 月 29 日，中国科技馆新展厅（A 馆）对外开放，温家宝同志视察并参观了中国科技馆。

贾庆林、周光召、钱正英等国家领导人，北京市委、市政府负责人和各界来宾 1000 余人参加了开馆仪式。

6 月 14 日，诺贝尔物理学奖获得者、著名华裔美国物理学家李政道教授来中国科技馆参观“回顾与展望”展览及新展厅。

9 月 17 日，由中国科技馆与英国大使馆文化处合作举办的“活灵活现的科学”科普展开幕。

10 月 15~17 日，世界科技博物馆 / 科学中心论坛在中国科技馆举行。

2001 年

4 月 29 日，由德国马普协会主办的“科学隧道”科普展在中国科技馆开展。

5 月 31 日，中国科技馆“儿童科技乐园”（C 馆）建成开放。

7 月 14 日，“迈向 21 世纪的中国航空”科普展开展。

12 月 21 日，中国科技馆举行党员大会，选举产生第四届党委和第一届纪委。

2002 年

7 月 16 日，“全国科技馆展品创新奖展示会”在中国科技馆开幕，8 月 1 日举办颁奖大会。

8 月 19 日，“中国古典数学玩具展”在中国科技馆开幕。

9月7日，蒙古国总统巴嘎班迪来中国科技馆参观访问。

10月15~16日，国际博协科技馆专业委员会2002年会在中国科技馆举行。

11月，中国科技馆党委书记赵有利同志当选中共十六大代表。

11月7日，“革命圣地 科技之光——延安时期的科学技术事业”在中国科技馆开展。

12月1日，“青少年预防艾滋病知识”展览在中国科技馆开展。

2003年

1月24日，由中国科技馆主办的“不朽的科学巨人——纪念牛顿诞辰360周年”科普展览在中国科技馆开展。

3月，王渝生馆长当选第十届全国政协委员。

4月24日，“探索生命的螺旋——纪念DNA双螺旋结构模型发表50周年”展览在中国科技馆开展。

4月25日，受“非典”疫情影响，中国科技馆暂时闭馆。

6月29日，中国科技馆在闭馆两个月后恢复开馆。

9月22日，“21世纪科技馆可持续发展国际论坛”在中国科技馆举行。

9月28日，“征服瘟疫之路——人类与传染病斗争科学历程”展览在中国科技馆开幕。

10月3日，由中国科技馆与台湾大自然科学教育推广中心共同举办的“中国科技馆大自然科学实验活动”正式启动。

11月1日，“‘两弹一星’功勋奖章获得者事迹展”在中国科技馆开幕。

11月15日，“梦系太空——人类航天事业历程与成就展览”在中国科技馆开幕。

2004年

2月，中国科学院院士、中国科技馆首任馆长、中国科技馆名誉馆长、著名地质学家刘东生荣获2003年度中华人民共和国最高科学技术奖。

4 月 29 日，“火星交响曲”专题展览在中国科技馆开幕。

5 月 2 日，中国第一艘载人飞船“神舟五号”的返回舱运抵中国科技馆。

5 月 4 日，“中国载人航天科普展”在中国科技馆隆重开幕。

5 月 31 日，“六一”国际儿童节前夕，胡锦涛同志来到中国科技馆实地考察少年儿童工作，与孩子们一起欢度节日。

6 月 23 日，叙利亚总统巴沙尔·阿萨德夫妇参观中国科技馆。

7 月 3 日，“科学发展观：人与自然和谐发展篇——大自然的警示与启示展览”在中国科技馆开幕。

7 月 4 日，曾庆红等中央领导同志来到中国科技馆参加第一个“全国科普日”活动。

10 月，中国科技馆原馆长李象益在韩国首尔第 20 届大会上当选国际博协执行局执委，这是中国首次进入国际博协领导机构。馆长王渝生在首尔第 20 届大会上当选为国际博协科技馆专委会执委。

11 月 21 日，中国科技馆召开“纪念邓小平同志为中国科技馆题写馆名 20 周年大会”，并举办“纪念邓小平同志为中国科技馆题写馆名 20 周年图片展览”。

12 月 10 日，第十一世班禅额尔德尼·确吉杰布参观中国科技馆。

2005 年

4 月，国家发展改革委批准中国科学技术馆新馆立项。

6 月 29 日，作为“法中文化年”交流活动的项目之一，“破解头发的奥秘展览”在中国科技馆拉开帷幕。

7 月 8 日，“亲近地球三极科学普及展览”在中国科技馆开幕。

7 月 26 日，“爱因斯坦——宇宙大匠”专题展览在中国科技馆开幕。

10 月 13 日，中国科技馆被评为北京市爱国主义教育基地先进单位。

11 月 27 日，“科技博物馆展览设计国际研讨会”在中国科技馆举行。

12 月 29 日，“阻击禽流感科普展”在中国科技馆开幕。

2006年

3月16日，“国际太空美术作品展”在中国科技馆开幕。

5月9日，中国科技馆新馆奠基典礼在国家奥林匹克公园内举行。

6月25日，“中国航海科普展”在中国科技馆开幕。

9月7日，“2006诺贝尔奖获得者北京论坛——生命科学与人类健康主题展”在中国科技馆拉开帷幕。

9月17日，曾庆红等中央领导同志视察中国科技馆，参观“节约能源，你我共参与”展览。

10月13~15日，由中国科协倡议成立的中国科技馆新馆建设国际顾问委员会在北京举行第一次会议。

11月28日，第十一世班禅额尔德尼·确吉杰布前来中国科技馆参观。

2007年

5月9日，《中国科技馆新馆内容建设方案》发布仪式与建议征集活动举行。

5月25日，“超越！——中英体育科技互动展览”在中国科技馆开幕。

5月25日，“中国古代传统技术展览”在新加坡科学中心报告厅开幕。

6月16日，全国科技馆工作座谈会在中国科技馆召开。

7月31日，“中外兵器发明与创新”国防科普展在中国科技馆开幕。

8月8日，“铝殿堂”大型科普教育展览在中国科技馆开幕。

8月，中国科技馆原馆长李象益在奥地利维也纳第21届国际博协大会连任国际博协执行局执委。

9月25日，中国科技馆新馆主体结构提前40天实现封顶。

9月30日，“首届全国杰出发明专利创新展”在中国科技馆开幕。

10月，中国科技馆馆长徐延豪当选中共十七大代表。

2008年

1月，徐延豪馆长当选第十一届全国政协委员。

2 月 2 日，“健康的湿地 健康的人类”科普摄影展在中国科技馆开幕。

5 月 14 日，中国科技馆召开共青团中国科技馆委员会成立大会。

5 月 30 日，“探月交响曲”科普展开幕式在中国科技馆举办。

6 月 22 日，中国科技馆“中国古代传统技术展览”在荷兰凯尔克拉德市工业博物馆开幕。

7 月 10 日，“震撼与思考——地震科普图片展”在中国科技馆开幕。

7 月 28 日，“奇迹天工——中国古代发明创造文物展”在中国科技馆新馆开幕。

9 月 2 日，李长春同志视察中国科技馆新馆，并参观“奇迹天工——中国古代发明创造文物展”。

10 月 29 日，反映中国改革开放 30 年伟大转变主题影像展“寻·常——我们的三十年”在中国科技馆开幕。

11 月 24 日，举办以“创业、发展、创新”为主题的中国科技馆开馆 20 周年纪念活动。

12 月 15 日，中国科技馆举行党员大会，选举产生第五届党委和第二届纪委。

2009 年

7 月 1 日，中国科技馆老馆停止运营。

8 月 18 日，中国科技馆在新馆举办云南省赠送恐龙化石暨“七彩云南·魅力楚雄”北京行系列活动新闻发布会，并举办隆重的接龙仪式。

9 月 16 日，举行中国科技馆新馆开馆典礼，王兆国同志出席典礼并宣布新馆正式开馆；诺贝尔化学奖获得者 Walter Kohn，诺贝尔生理学、医学奖获得者 Ferid Murad 出席在我馆举行的“我与科学家共话未来”全国青少年主题征文活动颁奖仪式。

9 月 19 日，习近平等中央领导同志来到中国科技馆新馆，参加 2009 年全国科普日活动。

9月20日，中国科技馆新馆正式向社会全面开放。

2010年

1月25日，中国科技馆主办的“中国古代科学技术展览”在澳门科学馆开幕。

1月28日，“全国科技馆巡展项目汇展”在中国科技馆开幕。

2月2日，中国科技馆球幕影院正式落成、启用。

3月12日，中国科技馆举行“全国巡展项目启动仪式”。

5月30日，“阿尔伯特·爱因斯坦（1879–1955）”展览在中国科技馆新馆开幕。

5月31日，胡锦涛、李长春、习近平、李克强等中央领导同志来到中国科技馆新馆，同中外少年儿童一起参加“体验科学、快乐成长”活动。

6月20日，“‘科学与中国’院士专家巡讲团中国科技馆‘科学讲坛’”活动启动仪式暨首场讲座在中国科技馆举行。中国科学院副院长李静海院士、浙江大学校长杨卫院士出席仪式。在首场讲座中，我国著名天体化学家和地球化学家、中国科学院院士欧阳自远做题为《月球探测的形势与中国的嫦娥工程》的科普报告。

6月，中国科协启动“中国流动科技馆”开发工作，由中国科技馆负责项目的具体实施。

7月1日，中国数字科技馆移交中国科技馆运行。

8月27~28日，中国数字科技馆全国工作会议在四川科技馆召开。

11月，中国科技馆馆长徐延豪在上海当选第22届国际博协大会科技馆专委会副主席。

11月16日，第十一届全国政协委员、中国佛教协会副会长、第十一世班禅额尔德尼·确吉杰布莅临我馆参观。

12月14日，“低碳生活”主题展览在中国科技馆开幕。

2011 年

2 月 18 日，中国数字科技馆荣获科技部颁发的“十一五”国家科技计划执行优秀团队奖。

4 月 25~26 日，“第二届全国科技馆辅导员大赛决赛”在中国科技馆举行。

5 月 12 日，“纪念人类太空飞行 50 周年宇航图片展”在中国科技馆开幕。

7 月，中国科技馆党委荣获中组部颁发的“全国先进基层党组织”称号。

7 月，中国流动科技馆巡展启动，中国科协为 9 省各配置流动科技馆展览 1 套，开展试点工作。

8 月 10 日，“荒野求生秘籍”展览在中国科技馆开幕。

9 月 17 日，“水·生命·生产·生态”主题展览在中国科技馆开幕。

11 月 12 日，首届“中国科技馆特效电影节”系列活动开幕。

11 月 20 日，中国科技馆荣获“全国文明单位”称号。

2012 年

1 月，“科普大篷车”项目移交中国科技馆实施。

1 月 17 日，“中国古代机械展”在中国科技馆开幕。

3 月 18 日，“和谐能源之旅”展览在中国科技馆开幕。

4 月 18 日，“走近诺贝尔奖”专题展览在中国科技馆开幕。

4 月 28 日，中国科技馆与中国气象局签署《关于加强气象科普工作合作协议》。

8 月 25 日，“科学讲坛”第 118 场，邀请天体物理学家、2011 年度诺贝尔物理学奖获得者、澳大利亚国立大学斯特罗姆勒山天文台布莱恩·保罗·施密特教授做题为《宇宙正在加速》的科普报告。

8 月 26 日，农村中学科技馆项目启动。

9 月 13 日，“食品安全与公众健康”展览在中国科技馆开展。

9 月 15 日，“科学讲坛”第 121 场，特邀吴常信院士和孙宝国院士分别作题为《食品安全的溯源管理与转基因食品》和《舌尖上的享受与食品添加剂》的报告。

9 月 15 日，中国科普场馆特效影院联盟研讨会在中国科技馆召开。

11 月，中国科协党组成员、书记处书记、中国科技馆馆长徐延豪，中国科技馆办公室主任钱岩当选为中共十八大代表。

2013 年

1 月 13 日，中国科技馆举行党员大会，选举产生第六届党委和第三届纪委。

3 月 2 日，“当我遇见你——世界儿童融合艺术大展”在中国科技馆开幕。

3 月 23 日，“气象之旅”常设展区正式面向公众开放。

3 月 23 日，“科学讲坛”第 146 期特邀 2010 年度国家最高科学技术奖获得者、中国工程院副院长师昌绪院士到中国科技馆，做题为《材料与社会》的科普报告。

5 月 9 日，“盐的故事展览”在短期展厅开幕。

5 月 24 日，中国科技馆与朝阳区人民政府签署开展科技教育、科普工作合作协议。

8 月 11 日，中国科技馆馆长束为在巴西当选为第 23 届国际博物馆协会科技馆专委会副主席。

8 月 23 日，中国自然科学博物馆协会第六次全国会员代表大会在中国科技馆举行。

9 月 24 日，“2013 年全国青年科普创新实验大赛”启动仪式在中国科技馆举行。

9 月 29 日，“日月经天，江河行地——国家重大科技成果掠影”展览在中国科技馆开幕。

11 月 22 日，中国科技馆原馆长李象益在巴西里约热内卢第六届世界科学大会上获联合国教科文组织颁发的“卡林加科普奖”。

2014 年

1 月 24 日，由中国科技馆主办、中国载人航天工程办公室协办的“中国梦·科技梦——中国航天主题科普展”在中国科技馆短期展厅展出。

3 月 8 日，“中国梦·科技梦——中国互联网 20 年科普展览”在中国科技馆短期展厅开幕。

5 月 22 日，“中国生物多样性保护与利用”专题展览在中国科技馆开幕。

8 月 29 日，共青团中国科技馆第二次团员大会召开，选举产生第二届委员会。

9 月 20 日，刘云山等中央领导同志来到中国科技馆，参加全国科普日北京主场活动。

10 月 1 日，“中国梦·科技梦——核科学技术展”在中国科技馆短期展厅开幕。

10 月 13 日，中国科技馆主办的“中国古代科技展——天文与航海”科普展览在意大利那不勒斯科学中心开幕。

2015 年

2 月 3 日，中国科技馆首次投资制作的 4D 科普动画影片《熊猫与巨猿》首映。

6 月 1 日，中国科技馆被授予全国首个“国家网络安全青少年科普基地”称号。

7 月 9 日，“中国梦·科技梦”系列展之“光照未来——光及光基技术展”在短期展厅正式开放。

9 月 19 日，中国科协与中国航天科技集团公司共建中国科技馆“太空探索”展厅合作协议签约仪式在中国科技馆举行。

10 月 1 日，中国科技馆主办的“中国梦·科技梦——无人机主题展”在短期展厅开幕。

10月9日，中国科学院院士欧阳自远来馆作“中科馆大讲堂”科普讲座。

10月16日，国家标准委员会办公室复函同意筹建全国科普服务标准化技术委员会。

10月19~23日，全国特效影院首届放映技术培训班在中国科技馆举办。

10月25日，日本诺贝尔化学奖得主野依良治一行8人来馆参观。

11月，中国科技馆推出“定制你的科技馆之旅”活动。

12月17~18日，全国科技馆工作会在北京召开。

12月18日，由波兰大使馆、中国科技馆共同主办的“科学是自由”展览在中国科技馆东大厅开幕。

2016年

1月1日，“遇见更好的你——心理学展”在中国科技馆开幕。

3月，中国科技馆与中国自然科学博物馆协会、中国科学技术出版社共同创办学术期刊《自然科学博物馆研究》。

5月17~21日，第16届亚太科技中心协会（ASPAC2016）年会在中国科技馆召开。

8月26日，《科普资源分类与代码》国家标准发布，标准号：GB/T 32844-2016。

9月18日，刘云山等中央领导同志来到中国科技馆，参加全国科普日北京主场活动。

10月9日，“中科馆大讲堂”第109期特邀空间技术专家、神舟号飞船首任总设计师戚发轫院士，做题为《航天技术与中国航天》的科普讲座。

11月15日，中国科技馆党委书记殷皓同志当选朝阳区第十六届人大代表。

12月1日，改造更新后的“太空探索”常设展厅面向公众开放。

2017年

1与1日，改造更新后的“信息之桥”常设展厅面向公众开放。

5 月 30 日，中国科技馆首部大型互动科幻童话剧《皮皮的火星梦》首场开演。

6 月 12 日，国家标准委复函同意成立全国科普服务标准化技术委员会。

6 月 28 日 ~7 月 2 日，中国科技馆多项原创展览和科普活动进驻香港“创科驱动 航天放飞中国梦”主题科普展览。

9 月 1 日，馆校结合基地校签约授牌仪式暨北京市第二十五中学开学典礼在中国科技馆举行，推出“开学第一课”主题教育活动。

9 月 5 日，全国科普服务标准化技术委员会成立大会在中国科技会堂召开。

9 月 6 日，中国流动科技馆第二轮全国巡展在河北省石家庄市赞皇县启动。

9 月 11 日，超过 60 部由中国科技馆原创的生活类科普微视频开始在 CCTV-1《生活圈》栏目陆续播出，收视率位居早间节目全国第一。

9 月 17 日，刘云山等中央领导同志来到中国科技馆，参加全国科普日北京主场活动。

9 月 21 日，“中国古代科技展”在希腊首都雅典赫拉克莱冬博物馆开展。首次与希腊公众见面。

9 月 26 日，希腊总统普罗科皮斯·帕夫洛普洛斯亲临“中国古代科技展”参观，并接受中国科技馆赠送的古代织布机模型。

10 月 1 日，更新改造完成的“华夏之光”主题展厅正式向公众开放。

11 月 27 日，首届“一带一路”科普场馆发展国际研讨会在北京召开。

2018 年

4 月 22 日，全国科技馆联合行动启动仪式暨中国航天日北京分会场活动在中国科技馆一层报告厅举行。

4 月 26 日，“脑中乾坤：心智的生物学”主题展览在中国科技馆开幕。

6 月 14 日，中国流动科技馆走出国门，赴缅甸内比都第六中学开展首站国际巡展。

6 月 19 日，李岚清同志参观“脑中乾坤：心智的生物学”展览并就脑科学发展与专家座谈。

6月24日，中国自然科学博物馆协会与联合国教科文组织签署双边合作协议书。

7月13日，“创新决胜未来”科普展览在中国科技馆开幕。

8月4日，中国科技馆与马来西亚槟城圆顶科学馆合作的“太空探索”展厅在槟城圆顶科学馆开幕，中国科技馆设计制作的6件航天主题展品面向马来西亚公众展出。

8月12日，中国科技馆观众量达57328人次，创单日观众量历史新高。

8月29日，中国科技馆迎来开馆以来第5000万名观众。

附录2

中国科技馆历任馆长、副馆长名单

馆长

1982年12月~1995年10月	刘东生
1995年10月~2000年5月	李象益
2000年5月~2006年4月	王渝生
2006年4月~2013年1月	徐延豪
2013年1月~2016年9月	束　为
2017年4月至今	殷　皓

副馆长

1983年3月~1985年1月	贾　皞
1983年3月~1985年1月	江　枫
1983年3月~1985年1月	吴先萃
1982年12月~1985年1月	曹　云
1982年12月~1985年1月	祝一新
1985年1月~1989年12月	田春茂
1985年1月~1991年8月	李象益

1985 年 1 月 ~1987 年 6 月	谭经远
1988 年 1 月	朱仙油
1988 年 10 月 ~1991 年 10 月	张泰昌
1990 年 6 月 ~1998 年 11 月	戴生寅
1991 年 8 月 ~1995 年 9 月	王光启
1994 年 1 月 ~1997 年 11 月	葛　霆
1995 年 10 月 ~2001 年 4 月	刘吉东
2001 年 3 月 ~2012 年 1 月	赵有利
2001 年 4 月 ~2016 年 5 月	黄体茂
2001 年 5 月 ~2005 年 1 月	李晓亮
2007 年 7 月 ~2012 年 1 月	辛　兵
2012 年 1 月 ~2017 年 5 月	殷　皓
2012 年 4 月至今	欧建成
2013 年 7 月 ~2015 年 7 月	郑浩峻
2015 年 6 月至今	隗京花
2015 年 6 月至今	庞晓东
2017 年 4 月至今	苏　青
2017 年 6 月至今	廖　红

中国科技馆
历届党委书记、副书记，纪委书记名单

党委书记

1983 年 3 月 ~1985 年 1 月　　贾　皞（临时党委）

1986 年 3 月 ~1988 年 11 月　　李健敏

1988 年 11 月 ~1990 年 6 月　　张泰昌

1990 年 6 月 ~1998 年 11 月　　戴生寅

2000 年 12 月 ~2001 年 2 月　　王渝生

2001 年 3 月 ~2012 年 1 月　　赵有利

2012 年 1 月 ~2017 年 4 月　　殷　皓

2017 年 4 月至今　　苏　青

党委副书记

1982 年 12 月 ~1983 年 11 月　　吴先萃（临时党委）

1985 年 1 月 ~1989 年 7 月　　韩瑞芳

1985 年 1 月 ~1991 年 8 月　　李象益

1985 年 1 月 ~1993 年 3 月　　段黎明

1995年10月~2001年4月　刘吉东
1998年11月~2004年10月　王其辉
2001年11月~2005年1月　李晓亮
2006年3月~2013年1月　徐延豪
2014年1月~2016年9月　束　为
2017年4月至今　殷　皓

纪委书记

2001年12月~2005年1月　李晓亮
2007年6月~2012年1月　辛　兵
2014年1月~2016年9月　欧建成
2016年9月至今　蒋志明

附录 3

中国科技馆获奖情况统计表

序号	奖项	颁奖单位	获奖时间
1	中华绿色科技特别奖（刘东生）	科技日报社	1993.6
2	中直机关共建精神文明活动先进集体	中直机关共建精神文明活动协调委员会	1994.11
3	全国科普工作先进集体	科技部、中宣部、中国科协	1999.12
4	全国青少年科技教育基地	科技部、中宣部、教育部、中国科协	1999.12
5	全国爱国主义教育示范基地	中宣部	2001.6
6	全国科普工作先进集体	科技部、中宣部、中国科协	2002.12
7	国家最高科学技术奖（刘东生）	国家科学技术奖励委员会	2004.2
8	中共中央直属机关五一劳动奖状	中直机关工会联合会	2005.4
9	中国青少年社会教育银杏奖—突出贡献奖	中宣部、教育部、国家广电总局、国家体育总局、全国妇联、中央文明办、文化部、新闻出版总署、共青团中央、中国科协	2005.9
10	中国广播影视大奖推广电视节目奖（第十九届电视文艺星光奖）优秀电视科普节目奖	国家广播电影电视总局	2006.8
11	国家一级博物馆	国家文物局	2008.5
12	巾帼文明岗	中华全国妇女联合会、全国妇女“巾帼建国”活动领导小组	2009.2
13	全国科普工作先进集体	科技部、中宣部、中国科协	2010．5

序号	奖项	颁奖单位	获奖时间
14	全国先进基层党组织	中组部	2011. 7
15	中国建设工程鲁班奖（国家优质工程）	住建部中国建筑业协会	2011.11
16	第十届中国土木工程詹天佑奖	中国土木工程学会、詹天佑土木工程科技发展基金会	2011.12
17	全国文明单位	中央精神文明建设指导委员会	2011.12
18	AAAAA 国家旅游景区	全国旅游委	2012.11
19	2011-2012 年度全国青年文明号单位	共青团中央	2013.2
20	卡林加科普奖（李象益）	联合国教科文组织	2013.11
21	全国未成年人思想道德建设工作先进单位	中央精神文明建设指导委员会	2015.2
22	国家网络安全青少年科普基地	中央网络安全和信息化领导小组办公室、教育部、科技部、共青团中央、中国科协	2015.6
23	亚太地区科学中心创意展览奖	亚太科技中心协会	2016.6
24	《全民科学素质行动计划纲要》“十二五”实施工作先进集体	中国科协、中央组织部、中央宣传部、国家发展改革委、教育部、科技部、财政部、人力资源社会保障部、农业部	2016.8
25	2011-2015 年度全国实施妇女儿童发展纲要先进集体	国务院妇女儿童工作委员会	2016.11
26	中国科技旅游基地	国家旅游局、中国科学院	2017.5

图书在版编目（CIP）数据

传承与使命：中国科学技术馆开馆30周年巡礼 / 中国科学技术馆著. -- 北京：社会科学文献出版社，2019.10

ISBN 978-7-5201-4225-0

Ⅰ.①传… Ⅱ.①中… Ⅲ.①中国科学技术馆—概况 Ⅳ.① N28

中国版本图书馆CIP数据核字（2019）第024009号

传承与使命

——中国科学技术馆开馆30周年巡礼

著　　者 / 中国科学技术馆

出 版 人 / 谢寿光
责任编辑 / 陈　雪

出　　版 / 社会科学文献出版社·皮书出版分社（010）59367127
地址：北京市北三环中路甲29号院华龙大厦　邮编：100029
网址：www.ssap.com.cn
发　　行 / 市场营销中心（010）59367081　59367083
印　　装 / 三河市东方印刷有限公司

规　　格 / 开 本：889mm × 1194mm　1/16
印 张：13.75　字 数：201千字
版　　次 / 2019年10月第1版　2019年10月第1次印刷
书　　号 / ISBN 978-7-5201-4225-0
定　　价 / 198.00元